兽医临床诊疗宝典

U0343524

鸡病诊疗原色图谱

第二版

王新华　银　梅　主编

中国农业出版社

━━━━◆ 内容提要 ◆━━━━

　　本书收录常见鸡病50种，照片330幅。按病性、病原、临床症状和病理特征、诊断要点、防治措施和注意事项等条目编写。图文并茂，图像清晰逼真，文辞简练易懂，可操作性强，是广大禽病工作者、养禽场技术工作者、动物（兽医）医院坐诊医生、兽药厂和饲料厂技术服务人员、动物检疫和食品卫生检验人员必备的工具书；也是大专院校动物医学、动物科学专业、养禽和禽病防治专业、卫生检验专业师生的重要参考书。书末附有禁用兽药和家禽常用药物停药期，供用药时参考。

丛书编委会

本书第二版编写人员

主　编　王新华　银　梅
副主编　王英华　王秋霞　李小六　逯艳云
　　　　仲伟平
编　者　（以姓氏笔画为序）
　　　　丰兰竹　王英华　王秋霞　王新华
　　　　宁红梅　仲伟平　李　丽　李小六
　　　　张秋雨　陈怀涛　赵玉军　胡薛英
　　　　崔恒敏　银　梅　逯艳云

本书第一版编写人员

主　　编　王新华

副主编　崔恒敏

编　　者　（以姓氏笔画为序）

王新华　刘　晨　杜元钊　陈怀涛

范国雄　胡薛英　崔恒敏　逯艳云

序　言
XUYAN

  《兽医临床诊疗宝典》自2008年出版至今将近六年。经广大基层兽医工作者和动物饲养管理人员的临床实践，普遍认为这套丛书是比较适用的，解决了他们在动物疾病诊断与防治方面的许多问题，的确是一套很好的科普读物。

  但是，随着我国养殖业的快速发展和畜牧兽医科技工作者对获取专业知识的欲望越来越高，这套"宝典"已不能完全适应经济社会进步的需求。在这种形势下，中国农业出版社决定立即对其进行修订，是非常适合适宜的。

  鉴于丛书的总体架构和设计都比较科学适用，故第二版主要做了文字修改，以便更为准确、精炼、通俗、易懂。同时增加了一些较重要的疾病和图片，使各种动物的疾病和图片数量都有所增多，图片质量也有所提高，因此，本丛书的内容更为丰富多彩。

  本丛书第二版也和原版一样，仍然凸显了图文并茂、简明扼要、突出重点、易于掌握等特点和优点。

  在本丛书第二版付梓之际，对全体编审人员的严谨工作和付出的艰辛劳动，对提供图片和大力支持的所有同仁谨致谢意！

  相信《兽医临床诊疗宝典》第二版为我国动物养殖业的发展定能发挥更加重要的作用。恳切希望广大读者对本丛书提出宝贵意见。

陈怀涛

2014年5月

第 二 版 前 言
DIERBANQIANYAN

在本套丛书编委会和中国农业出版社的指导和关怀下,《鸡病诊疗原色图谱》第一版出版以来深受广大读者的爱戴,成为鸡病防治的重要指导书。为满足广大读者的需求,作者对第一版书稿进行了修订。这次修订在保留原书基本结构的基础上,对内容进行了较大幅度的修改,主要包括以下方面:第一版的内容过于简约,不便使用,第二版中进行了补充和完善;防治措施进行了较详细的叙述;增加了一些中毒病和寄生虫病,疾病种类由原来的44种增加到50种;图片增加到330幅,对部分图片进行了更换,部分图片进行了适当剪裁,节省了篇幅。书末附有禁用兽药和家禽常用药物停药期,供用药时参考。

修订后的版本内容更加充实、丰富,可读性和实用性更强。本书可作为广大禽病工作者、养禽场技术人员、门诊医生、兽药厂和饲料厂技术服务人员、动物检疫和动物性食品卫生检验人员的必备技术性工具书;也可供大专院校动物医学专业、动物科学专业、养禽和禽病防治专业、卫生检验专业师生学习参考。

借此修订机会对丛书编委会的领导和关怀、中国农业出版社多年来的大力支持、黄向阳社长和颜景辰副社长以及王森鹤编辑等有关同志的辛勤工作,表示衷心感谢。

对第一版的作者和图片提供者表示诚挚的谢意。

鉴于本人水平所限,书中定有纰漏之处,恳望同道专家和广大读者对本书提出宝贵意见和建议,以便再版时修正,使之更加完善。

编 者
2014年5月

第 一 版 前 言

DIYIBANQIANYAN

　　《鸡病诊疗原色图谱》是多位知名专家、教授多年的研究成果。全书共收录常见病、重要病44种，照片326幅。按病原、病理特征、诊断要点、防治措施、注意事项等条目编写。包括：细菌性疾病、支原体感染、霉菌性疾病、病毒性疾病、原虫病、营养代谢病和中毒病以及其他杂症。其中血管的肿瘤病是国内首次报道。本书图文并茂，图像清晰逼真，文辞简练易懂，可操作性强，看图断病，按方治病。是广大禽病工作者、养禽场技术工作者、动物（兽医）医院坐诊医生、兽药厂和饲料厂技术服务人员、食品卫生检验人员等的必备技术性工具书；更是大专院校动物医学、动物科学专业、养禽和禽病防治专业、卫生检验专业师生的重要学习参考书。

　　本书参考并引用了王新华主编的《鸡病诊治彩色图谱》、杜元钊主编的《禽病诊断与防治图谱》、陈建红主编的《禽病诊治彩色图谱》、范国雄主编的《动物疾病诊断图谱》、刘宝岩主编的《动物病理学组织学彩色图谱》、刘晨主编的《实用禽病图谱》、郑明球主编的《动物传染病诊治彩色图谱》、崔治中主编的《禽病诊治彩色图谱》、［美］B.W.卡尔尼克主编的《禽病学》、甘孟侯主编的《中国禽病学》、陈怀涛主编的《兽医病理学》、吕荣修主编的《禽病诊断彩色图谱》、阴天榜主编的《新编畜禽用药手册》等著作的部分内容和图片，多数已与作者本人取得联系并征得同意，但是由于种种原因部分作者还没有联系上，在此向没有联系上的作者和已联系上的作者表示衷心的感谢和歉意。

　　由于水平所限，书中错误难免，恳望读者批评指正，不胜感激。

编　者

2008年6月

目 录

MULU

禽大肠杆菌病

　　禽大肠杆菌病是由致病性大肠杆菌引起的禽类多种病型的总称。急性型最为常见，危害最大，往往发生败血症而死亡；气囊炎型常与肝周炎、心包炎和腹膜炎并发；慢性型表现为长期顽固性腹泻；此外还见有眼炎、中耳炎、肉芽肿、大肠杆菌性脑炎、肿头综合征、生殖器官感染、关节炎、足垫肿等。经卵感染或孵化后感染的幼雏，出壳后几天内即可发生大批急性死亡。

　　近年来禽大肠杆菌病和慢性呼吸道病、禽流感、新城疫、传染性支气管炎、传染性喉气管炎、巴氏杆菌病等混合感染，使病情复杂，难于控制，成为危害肉仔鸡和蛋鸡的严重传染病之一，造成严重损失。

　　【病原】　病原体是大肠埃希氏菌，简称大肠杆菌。本菌为革兰氏阴性短小杆菌，不形成芽孢，有的有荚膜，大小为（2 ~ 3）微米 ×0.6微米，一般有周鞭毛，大多数菌株具有运动性。

　　大肠杆菌在自然界广泛存在，是人类和动物肠道的常在寄居菌，其中大多数是不致病的，与动物共栖。过去曾认为大肠杆菌是一种条件性病原菌，近年来研究表明，这种认识已经过时。目前认为根据大肠杆菌致病性可分为：致病菌、条件性致病菌和非致病菌三种类型。只有少数菌株是致病性的病原菌，致病性大肠杆菌约占大肠杆菌总数的10% ~ 15%。在饲养管理和卫生条件差，或在其他应激因素的诱发下，条件性致病菌即可迅速繁殖，导致动物发病。由于大肠杆菌质粒的转移，非致病菌可获得致病性，成为致病菌，所以致病性大肠杆菌的种类越来越多。我国报道的禽致病性大肠杆菌的血清型有50个，主

要有 O_1、O_2、O_5、O_7、O_{14}、O_{36}、O_{73}、O_{78}、O_{103} 等。各地分离的大肠杆菌菌株之间，其交叉免疫性很低，即使在同一地区，甚至是同一禽群的大肠杆菌血清型，也有很大的差异。这是至今尚未有理想的禽用大肠杆菌疫苗的主要原因。

本菌对环境抵抗力中等，对理化因素较敏感，55℃ 1小时或60℃ 20分钟可被杀死，120℃高压消毒立即死亡。大肠杆菌在水、粪便、尘埃中可存活数周至数月之久。对石炭酸、甲酚等多种消毒剂敏感。但粪便、黏液等有机物可降低消毒效果。

【临床症状和病理特征】 禽大肠杆菌病由于病型不同，临床表现和病理变化也不相同：

1. **鸡胚与幼雏感染** 鸡胚感染时多于出壳前死亡，表现为卵黄囊内容物呈黄绿色或黄棕色水样物，或呈干酪样。但也有一些鸡胚在出壳后3周内陆续死亡，其中6日龄以内的幼雏发病死亡最多。幼雏感染时除卵黄的变化外，还见部分病雏发生脐炎。如病程长至3天以上者，常伴发心包炎、肝周炎、腹膜炎等。被感染的雏鸡也可能不死，但常见卵黄吸收不良，生长发育缓慢。

2. **呼吸道感染**（气囊病） 气囊病是大肠杆菌与支原体混合感染所致，常发生气囊炎、心包炎、肝周炎、腹膜炎和输卵管炎。

气囊炎时可见囊壁增厚、浑浊，常在气囊的呼吸面被覆干酪样渗出物或气囊腔中填塞数量不等的黄白色样凝块。

心包炎和肝周炎多见于鸡和鹅大肠杆菌病。心包腔扩张，充满灰白色或灰黄色浆液－纤维素性渗出物，心包浑浊，增厚，心外膜粗糙。肝脏表面被覆厚薄不等的纤维蛋白膜。

腹膜炎包括肝脏被膜、腹壁浆膜、肠浆膜的炎症。可见这些部位附着大量灰白色纤维蛋白膜或卵黄，腹腔积有纤维素或卵黄液。打开腹腔可闻到明显的粪臭味。

输卵管炎常见于左侧腹气囊大肠杆菌感染。输卵管扩张，内含干酪样物质。这种干酪样凝块可以长时间存在，并逐渐增大，有时可达拳头大，切面可见层层包绕的黄色凝固物。

3. **急性败血症** 急性败血症死亡的鸡营养良好，肌肉丰满、嗉囊充实。特征性病变是肝脏呈绿色，或有灰白色坏死灶。胸肌充血，常见心包炎、腹膜炎。

4. **大肠杆菌性肉芽肿** 肉芽肿型为慢性大肠杆菌病，多为败血症的后遗症，常发生于成鸡。其病理特征是在肝、十二指肠、盲肠、肠系膜、胰腺等处形成结节性肉芽肿。肉芽肿粟粒大至玉米粒大或更大，黄白色或灰白色，切面略呈放射状或轮层状，有弹性，中央多有小化脓灶。

5. **脑炎型** 某些血清型的大肠杆菌可突破血脑屏障进入脑内引起脑炎。该病可单独由大肠杆菌引起，也可在支原体病、传染性鼻炎和传染性支气管炎等病的基础上继发大肠杆菌感染而发生。患鸡多有神经症状。病变主要集中在脑部，可见脑膜增厚，脑膜及脑实质血管扩张、充血，蛛网膜下腔及脑室液体增多。

6. **关节炎型** 多发生于幼雏及中雏，一般呈慢性经过，有些是败血症的后遗症。病鸡跛行，足垫肿胀。病变多出现于跗关节，可见跗关节呈竹节状肿胀，关节腔内液体增多，浑浊，有的有脓汁或干酪样物，有的发生腱鞘炎。从病鸡发炎关节和足垫中可分离到大肠杆菌。

【诊断要点】 根据流行特点、临床症状和病理变化可以初步确诊。必要时进行涂片染色镜检或进行细菌分离鉴定。

【防治措施】

1. **加强卫生管理** 做好卫生管理是防治本病的关键。健康的种鸡可以保证种蛋和雏鸡的健康；加强禽舍、饲料、水源的卫生；定期消毒，降低饲养密度等措施都有助于减少或控制本病。

2. **使用自家灭活菌苗** 能有效控制本病。

3. **药物预防和治疗** 可用于大肠杆菌病治疗的药物很多，但是由于不规范的使用药物，当前有很多抗药菌株产生，使本病治疗十分困难。为了获得良好的疗效，应先做药物敏感试验，选择最敏感药物。常用药物有：环丙沙星、庆大霉素、磷霉素、安普霉素、丁胺卡那霉素、左旋氧氟沙星等，要严格按规定使用，不要随意使用，以防细菌产生抗药性。

【注意事项】

1. 本病常和鸡毒支原体混合感染，使病情复杂，治疗时必须同时兼顾两种疾病，单纯治疗一种疾病往往效果不佳。

2. 发生疾病后不要急于用药，一定先做药敏试验再确定用药，药品说明书上的内容只能作参考。

3.由于当前兽药生产、销售管理不规范，标签上的内容多数与实际不符，给治疗细菌性疾病造成困难，这点应引起重视。

图1　禽大肠杆菌病

病鸡心包腔内积有大量灰白色纤维素性渗出物，心包增厚，心外膜粗糙，所谓"包心"。（王新华）

图2　禽大肠杆菌病

病鸡肝脏表面被覆大量灰白色纤维素性渗出物，所谓"包肝"。（王新华）

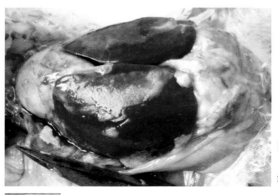

图3　禽大肠杆菌病

心脏和肝脏表面有大量灰白色纤维蛋白膜包被。（王新华）

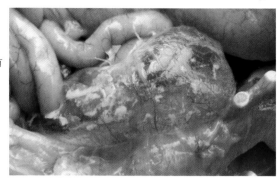

图4　禽大肠杆菌病

　　病鸡气囊浑浊增厚，囊壁上有灰黄色渗出物。（王新华）

图5　禽大肠杆菌病

　　病鸡头面部肿胀，眼睑闭合。（逯艳云）

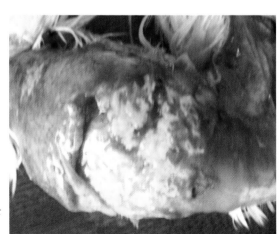

图6　禽大肠杆菌病

　　图5的病鸡头部剖开，可见皮下有大量灰黄色坏死物。（逯艳云）

图7　禽大肠杆菌病

　　大肠杆菌性结膜炎，眼睑严重肿胀，结膜囊内有大量脓性渗出物。（王新华）

图8　禽大肠杆菌病

　　大肠杆菌性结膜炎，结膜囊内有大量脓性渗出物。（王新华）

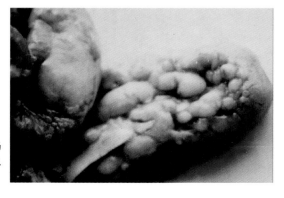

图9　禽大肠杆菌病

　　大肠杆菌性中耳炎，从耳孔流出黄色液体，在耳孔周围有黄色干痂。（王新华）

图10　禽大肠杆菌病

　　大肠杆菌性肉芽肿，十二指肠袢和胰腺上有大小不等的灰白色球形结节。（王新华）

图11　禽大肠杆菌病

病鸡左侧胫跗关节肿大。
（姚金水）

禽巴氏杆菌病

　　禽巴氏杆菌病又称禽霍乱、禽出血性败血症，是由多杀性巴氏杆菌引起的禽类的急性或慢性接触性传染病。

　　【病原】　多杀性巴氏杆菌为卵圆形的短小杆菌，少数近于球形，无鞭毛，不能运动，不形成芽孢。革兰氏染色阴性，多呈单个或成对存在。在组织、血液和新分离培养物中的菌体呈明显的两极着色，许多血清型菌株有荚膜，用美蓝、瑞氏染色均可着色。

　　本菌对热敏感，56℃ 15分钟或60℃ 10分钟可被杀死。对酸、碱及常用的消毒药很敏感，5%～10%生石灰水、1%漂白粉溶液、1%氢氧化钠、3%～5%石炭酸、3%来苏儿、0.1%过氧乙酸和70%酒精等均可在短时间内将其杀死。对多数抗生素、磺胺类药物敏感。

　　【临床症状和病理特征】　最急性型突然死亡；急性型冠髯发绀，精神沉郁，废食，流涎，腹泻，拉黄绿色稀粪；慢性型长期腹泻，关节、头颈部和肉髯内有大小不等的脓疱。

　　最急性型病例病变不明显，可见浆液性或出血性心包炎，心包积液，心外膜有数量不一，大小不等的出血点，肝脏表面有少量细小的灰白色或灰黄色坏死点；急性型呈败血症变化，皮下、腹腔脂肪、浆膜、黏膜有大小不等出血点，胸腹腔、气囊、肠浆膜等处常见纤维素性或干酪样渗出物，肠黏膜弥漫性出血，肝脏肿大质脆，表面有多量灰白色坏死灶；慢性病例还可见卵巢出血，卵泡坏死。

　　【诊断要点】　根据症状和病理变化可以初步做出诊断，肝脏触片镜检检出两极着色的巴氏杆菌即可确诊。

【防治措施】

1. 加强饲养管理和卫生管理 是防治本病发生的关键。

2. 预防免疫 禽巴氏杆菌病的弱毒疫苗免疫效果不十分理想。有条件的鸡场可以考虑制备自家组织灭活苗或制备自家灭活菌苗用于本场,可获得良好效果。

3. 药物治疗 一旦发病应尽快确诊并进行药物敏感试验,切忌盲目用药。可供治疗的药物很多,如青霉素、链霉素、庆大霉素、环丙沙星、氟苯尼考等。常用药的用量和方法如下:庆大霉素每100升水添加原粉2~4克,自由饮用,连用3天;氟苯尼考每100升水添加5~10克,连用3~5天;环丙沙星每100升水添加5克;左旋氧氟沙星每100升水添加5克,连用3~5天。

【注意事项】 注意与新城疫、禽流感区别。

图12 禽巴氏杆菌病

慢性鸡巴氏杆菌病,颜面和肉髯肿胀。(刘晨)

图13 禽巴氏杆菌病

慢性鸡巴氏杆菌病头顶部的结节,结节内含灰白色干酪样脓液,镜检可见大量两极着色的巴氏杆菌。(王新华)

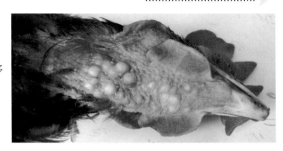

图14　禽巴氏杆菌病

　　和图13同一只鸡，颈下部有多个球形的结节。（王新华）

图15　禽巴氏杆菌病

　　病鸡头顶部有一个巨大的结节。（王新华）

图16　禽巴氏杆菌病

　　头顶部结节切开，可见结节有完整的包膜，包膜内是黄白色轮层状干酪样坏死物。（王新华）

图17　禽巴氏杆菌病

　　一侧肉髯肿大，内有坚硬的黄白色干酪样坏死物。（王新华）

图18　禽巴氏杆菌病

　　肝脏表面和实质中有大量灰白色坏死灶。（王新华）

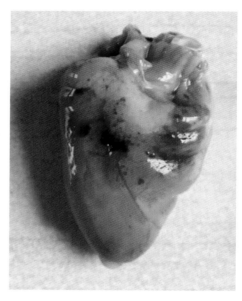

图19　禽巴氏杆菌病

　　心外膜有大小不等的出血斑点。（王新华）

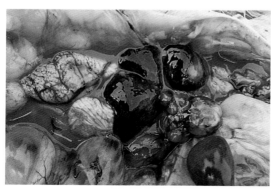

图20　禽巴氏杆菌病

　　卵泡出血、坏死，卵黄性腹膜炎。（王新华）

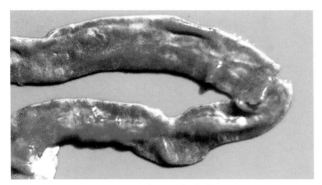

图21　禽巴氏杆菌病

病鸡十二指肠黏膜严重出血，呈暗红色。（陈建红等，《禽病诊治彩色图谱》，2001年）

鸡　白　痢

鸡白痢是由鸡白痢沙门氏杆菌引起的危害雏鸡的一种传染病。病鸡排泄物是重要的传播媒介，可通过种蛋垂直传播。主要特征是拉白色糊状稀粪。

【病原】　鸡白痢沙门氏菌是肠杆菌科沙门氏菌属成员之一。革兰氏染色阴性、兼性厌氧、无芽孢，菌体两端钝圆、中等大小、无荚膜、无鞭毛、不能运动。

本菌对热及直射阳光的抵抗力不强，60℃下加热10分钟死亡，但在干燥的排泄物中可存活5年，土壤中存活4个月以上，粪便中存活3个月以上，水中存活6个月以上，尸体中存活3个月以上。－10℃存活4个月。常用的消毒药物都可迅速杀死本菌。

【临床症状和病理特征】

1．雏鸡　弱雏较多，脐部发炎，2～3日龄开始发病、死亡，7～10日龄达死亡高峰，2周后死亡渐少。病雏表现精神沉郁、畏寒、寒战、羽毛逆立、食欲废绝。排白色黏稠粪便，肛门周围羽毛有石灰样粪便粘污，甚至堵塞肛门。有的不见下痢症状，因肺炎而出现呼吸困难，伸颈张口呼吸。死亡率为10%～25%。耐过雏鸡生长缓慢，消瘦，腹部膨大。有些病雏表现为关节炎，关节肿胀、跛行或不愿走动。

2. **育成鸡** 主要发生于40～80日龄的鸡，多为未彻底治愈的病雏，转为慢性，或育雏期感染所致。鸡群中不断出现精神沉郁、食欲差的鸡和下痢的鸡，常突然死亡，而且经常有死亡鸡只，可延续20～30天。

3. **成年鸡** 成年鸡表现为隐性感染，产蛋率、受精率和孵化率均处于低水平。带菌鸡产的种蛋成为鸡胚死亡和雏鸡发病的传染源。

主要病变：

1. **雏鸡** 严重脱水，眼睛下陷，脚趾干枯，肝肿大、充血，较大雏鸡的肝脏可见许多黄白色小坏死点。卵黄吸收不良，呈黄绿色液化，或呈棕黄色干酪样。肺脏有黄白色大小不等的坏死灶（白痢结节）。盲肠膨大，肠内有干酪样肠芯。病程较长时，在心肌、肌胃、肠管等部位可见隆起的白色白痢结节。

2. **育成鸡** 肝脏显著肿大，质脆易碎，被膜下散在或密布出血点或灰白色坏死灶，可见肿瘤样黄白色白痢结节，严重时可见心脏变形，白痢结节也可见于肌胃和肠管，脾脏肿大，质脆易碎。

3. **成年鸡** 可见卵泡萎缩、变形、变色，呈三角形、梨形、不规则形，呈黄绿色、灰色、黄灰色、灰黑色等，有的卵泡内容物呈水样、油状或干酪样。有输卵管炎，输卵管阻塞，内有卵黄凝块或灰白色干酪样物。有卵黄性腹膜炎。病公鸡睾丸发炎，睾丸萎缩变硬、变小。

【诊断要点】 根据发病年龄、临床症状和病理变化一般可以做出诊断，必要时可做血清或全血平板凝集试验进行确诊。

【防治措施】

1. **净化措施** 本病既可经蛋垂直传播又可水平传播，要控制或净化本病必须从种鸡群做起，建立无沙门氏菌病种鸡群的方法是：检疫、淘汰阳性鸡只，间隔2～4周再次检疫和淘汰，直至不出现阳性鸡只为止。建立无沙门氏菌病种鸡群可能比较容易，要保持无沙门氏菌病种鸡群却比较困难，因为可能再次感染。所以控制本病必须有完善严格的综合性防治措施才能获得成功。

2. **防治措施** 净化种鸡群，保证种蛋不带菌；加强孵化厂的卫生管理，防止孵化过程中污染；加强育雏室的卫生管理，防止雏鸡感染；选用不含沙门氏菌的饲料，颗粒料比粉料含细菌较少；水源要符合饮用水标准；加强鸡舍用具和环境等的卫生管理。

3.**药物防治**　可用于沙门氏菌病治疗的药物很多，最好先做药敏试验。磺胺类和多种抗菌素都有一定疗效，但是药物都有一定的毒性并影响采食量和生长，使用时要掌握好剂量。磺胺类混饲浓度不超过0.02%；氟苯尼考、喹诺酮类也有较好效果，用量为每升水添加50 ～ 100毫克，连用3 ～ 5天。

【注意事项】　鸡白痢多发生于雏鸡，死亡率较高，拉灰白色稀粪。成年鸡白痢时也拉痢，但死亡率较低。幼禽的禽伤寒与鸡白痢很难区别，本病引起的死亡可从出雏持续到产蛋日龄。病变与鸡白痢不同的是亚急性和慢性病例肝脏呈棕绿色或古铜色。禽副伤寒多发生于2周以内的幼禽，1月龄以上的禽很少死亡。三种疾病有相同的症状和类似病理变化，确诊需进行病原分离鉴定。

图22　鸡白痢
　严重拉痢的雏鸡肛门下部的绒毛被粪便黏结在一起，病雏排粪困难。（王新华）

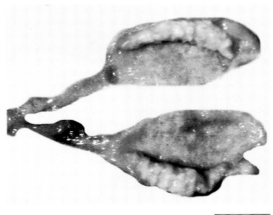

图23　鸡白痢
　病雏盲肠中灰黄色干酪样凝块，肠黏膜有出血点。（刘晨等，《实用禽病图谱》，1992年）

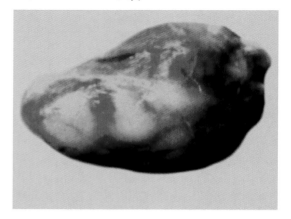

图24　鸡白痢
　　病雏心肌中有大块状灰白色结节。（王新华）

图25　鸡白痢
　　病雏肝脏上有大量灰白色小坏死灶。（王新华）

图26　鸡白痢
　　成年鸡白痢卵巢变性、变形、坏死。（王新华）

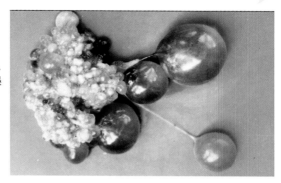

图27　鸡白痢

　　成年鸡白痢卵巢变性、变形、坏死，变性的卵泡呈暗红色或墨绿色，有细长的蒂。（王新华）

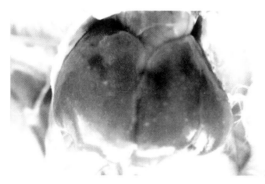

图28　鸡白痢

　　鸡伤寒肝脏呈古铜色，并有灰白色坏死灶。（王新华）

葡 萄 球 菌 病

　　葡萄球菌病是由金黄色葡萄球菌引起的鸡的急性败血性或慢性传染病。表现为脐炎、关节炎、皮肤湿性坏疽等。

　　【病原】　葡萄球菌为圆形或卵圆形，常单个、成对或呈葡萄串状排列。在固体培养基上生长的细菌呈葡萄串状，致病性菌株的菌体稍小，且菌体的排列和大小较为整齐。本菌易被碱性染料着色，革兰氏染色阳性。衰老、死亡或被中性的细胞吞噬的菌体为革兰氏阴性。无鞭毛，无荚膜，不产生芽孢。本菌对理化因子抵抗力较强，对干燥、温热、9%的氯化钠溶液都有较强的抵抗力。干燥血液或脓液中可存活数月。反复冻融30次仍能存活。70℃加热1小时，80℃加热30分钟才能杀死，煮沸可迅速杀死。各种消毒剂都有较好的消毒效果。

【临床症状和病理特征】 急性败血症型为常见病型，患禽精神沉郁，呆立不动，两翅下垂，羽毛粗乱无光泽，食欲减退或废绝。部分病鸡下痢，粪便呈黄绿色。颈下、腹下、大腿内侧皮下发生湿性坏疽，外观呈紫色或紫黑色，触摸有波动感，局部羽毛脱落或用手一摸即掉落。皮肤破溃后流出褐色或紫红色的液体，使周围羽毛又湿又脏。部分鸡在翅膀背侧及腹面、翅尖、尾部、头脸、肉垂等部位，出现大小不等的出血斑，局部发炎、坏死或干燥结痂。最急性型在1～2天死亡。急性型多在2～5天死亡，平均死亡率为5%～10%，少数急性暴发病例，死亡率高达60%以上。

慢性关节炎型可见多个关节发生炎性肿胀，趾关节更为多见，局部紫红色或黑紫色，破溃后形成黑色的痂皮。有的出现趾瘤，脚垫溃烂，运动出现跛行，不能站立。

脐炎型多见于雏鸡，精神沉郁，体弱怕冷，不爱活动，常拥挤在热源附近，发出叽叽的叫声。突出的表现是腹部膨大，脐孔闭锁不全，脐孔及周围组织发炎肿胀或形成坏死灶，俗称大肚脐。一般在2～5天死亡。

【诊断要点】 根据症状和典型病理变化可以做出诊断。取溃烂部渗出液或关节腔渗出物涂片镜检可见大量葡萄球菌。

【防治措施】 本病是一种环境性疾病，多与外伤有关。如笼具有毛刺、平养鸡垫料中有尖锐物体、刺种鸡痘、断喙时感染等都可能引起本病。体表皮肤完整的鸡一般不会感染。因此，防止外伤可以减少发病。一旦发病可用青霉素、庆大霉素、卡那霉素、磺胺类、喹诺酮类等药物治疗。

【注意事项】 金黄色葡萄球菌在自然界普遍存在，因此都有一定的抗药性，治疗时要先进行药物敏感试验，方可事半功倍。

图29 鸡葡萄球菌病

病鸡颈下部和肉髯发生湿性坏疽，流出红褐色液体，羽毛脱落。（王新华）

图30　鸡葡萄球菌病
　　病鸡两翅下部发生湿性坏疽。
（王新华）

图31　鸡葡萄球菌病
　　病鸡单脚站立或卧地不起或两翅着地。（谷长勤）

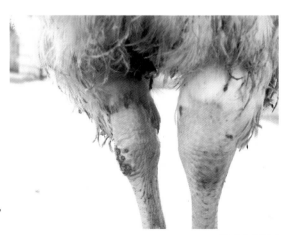

图32　鸡葡萄球菌病
　　患侧关节明显肿大，发红。
（谷长勤）

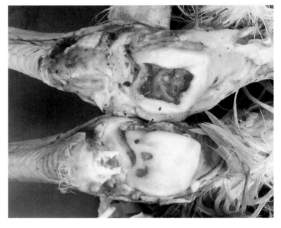

图33　鸡葡萄球菌病
　　患侧关节面溃烂。(谷长勤)

图34　鸡葡萄球菌病
　　病鸡趾部肿胀、发红。(岳华)

图35　鸡葡萄球菌病
　　慢性病例可见有疣状心内膜炎。(谷长勤)

禽弯曲杆菌性肝炎

禽弯曲杆菌性肝炎是由空肠弯曲杆菌引起的幼鸡和成年鸡的一种传染病。病理特征是出血性坏死性肝炎。

【病原】 弯杆菌属的嗜热弯曲杆菌有3个种：空肠弯曲杆菌、结肠弯曲杆菌和鸥弯曲杆菌。其中空肠弯曲杆菌是从禽类分离出来的，最常见致病菌。结肠弯曲杆菌可以从禽类肠道及禽类肉品中分离到，鸥弯曲杆菌主要从野生的海鸟，如海鸥中分离到。

该菌形态呈逗号状、香蕉状、螺旋状、S形等，所有的种都有单极鞭毛，有运动性，有时可见到两极鞭毛的细菌。所有的弯曲杆菌革兰氏染色均为阴性。本菌对干热和多种化学消毒剂均敏感。

【临床症状和病理特征】

1. 急性型 发病初期，不见明显症状，雏鸡群精神倦怠、沉郁，严重者呆立缩颈、闭眼，对周围环境敏感性降低，羽毛杂乱无光，肛门周围污染粪便，多数鸡先呈黄褐色腹泻，然后呈浆糊样，继而呈水样，部分鸡此时即急性死亡。

2. 亚急性型 呈现脱水，消瘦，陷入恶病质状态，最后心力衰竭而死亡。

3. 慢性型 精神委顿，鸡冠发白、干燥、萎缩，可见鳞片状皮屑，逐渐消瘦，饲料报酬降低。

急性死亡病例肝脏肿大、质脆，肝脏表面有大小不等不规则的出血点或被膜下有大小不等的血疱或腹腔积聚大量血液；慢性型肝脏质地变硬，实质中有大量灰白或灰黄色坏死灶。

【诊断要点】 本病发病率高，死亡率低，生前不易诊断，往往突然死亡，病久可见精神沉郁，鸡冠苍白、干缩，拉黄褐色稀粪。根据特征性病理变化可以作出诊断，必要时可取胆汁进行病原分离鉴定。

【防治措施】 本病是一种条件性疾病，常与不良环境因素或其他疾病感染有关。因此，加强饲养管理和卫生管理可以减少发病。药物治疗可用氟苯尼考、甲硝唑、磺胺甲基嘧啶、喹诺酮类药物。

【注意事项】 注意与巴氏杆菌病、脂肪肝出血综合征等区别。

图36　禽弯曲杆菌性肝炎

急性病例由于肝脏大出血，鸡冠苍白贫血。（王新华）

图37　禽弯曲杆菌性肝炎

急性病例肝脏被膜下有大的出血疱，或腹腔积大量血液，隔着腹壁即可看到。（王新华）

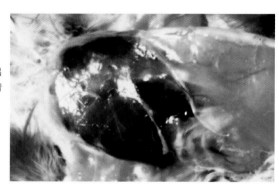

图38　禽弯曲杆菌性肝炎

肝脏出血，在肝脏膜下形成大的血疱，并凝固成血块。（王新华）

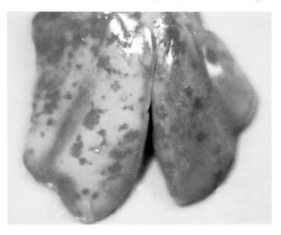

图39 禽弯曲杆菌性肝炎

　　肝脏实质中有大量不规则的出血灶。（王新华）

图40 禽弯曲杆菌性肝炎

　　慢性病例肝脏体积缩小，质地变硬，实质中有大量灰白色坏死灶。（王新华）

鸡传染性鼻炎

　　鸡传染性鼻炎是由副鸡嗜血杆菌引起的鸡的急性上呼吸道传染病。病理特征是鼻腔和鼻窦发炎，颜面部肿胀。

　　【病原】　副鸡嗜血杆菌为革兰氏阴性的多形性小杆菌，不形成芽孢，无荚膜、鞭毛、不能运动。本菌为兼性厌氧，在有5%～10% CO_2的环境中易于生长。该菌对营养的需求较高，常用的培养基为血液琼脂或巧克力琼脂。因本菌生长中需要V因子，所以分离培养时应与金黄色葡萄球菌交叉接种在血液琼脂平板上，如在金黄色葡萄球菌菌落周围形成细小透明的菌落可以认为该菌生长。副鸡嗜血杆菌易自鼻窦渗出物中分离。但该菌的抵抗力很弱，培养基上的细菌在4℃条件下能存活2周。在自然环境中很快死亡，对热和消毒药也很敏感。因此，该菌种多采用真空冷冻干燥的方法保存。冻干后可长时间存活。

该菌抗原型有A、B、C三个血清型。各血清型之间无交叉反应。

【临床症状和病理特征】 病鸡精神委顿，垂头缩颈，食欲明显降低。最初可看到自鼻孔流出水样鼻液，继而转为浆液性、黏液性分泌物，病鸡有时甩头，打喷嚏。眼结膜发炎，眼睑肿胀，有的流泪。一侧或两侧颜面肿胀。部分病鸡可见下颌部或肉髯水肿。育成鸡表现为生长发育不良，产蛋鸡产蛋量明显下降。处在产蛋高峰期的鸡群产蛋量大幅度下降，特别是肉种鸡几乎绝产。老龄鸡发病产蛋量下降幅度较小。一般情况下死亡较少，流行后期鸡群中常有死鸡出现，多数为瘦弱鸡只，或其他细菌性疾病继发感染所致，没有明显的死亡高峰。

主要表现为鼻腔和眶下窦的急性卡他性炎症，黏膜充血肿胀，被覆浆液性、黏液性乃至脓性分泌物。眼结膜充血肿胀，眼睑闭合，有时肉髯肿胀。内脏器官一般没有变化。

【诊断要点】 本病发病率高，死亡率低，病鸡精神委顿，眼睑肿胀，闭目，食欲明显降低，鼻腔和鼻窦流出浆液、黏液或脓液，病变往往波及眼睛。根据症状即可作出诊断，必要时可进行病原学检查。

【防治措施】 本病多因环境不良因素诱发，空气质量污浊，特别是氨气、灰尘等是诱发本病的重要因素。因此，加强卫生管理保持禽舍空气新鲜，可降低发病率。接种鸡传染性鼻炎灭活油乳苗可以预防本病发生，25～30日龄首免，120日龄二免，可以保护整个产蛋期。发病后可用红霉素、磺胺类药物、氟苯尼考、喹诺酮类药物治疗。罗红霉素每升水添加100毫克，连用3～5天；左旋氧氟沙星每升水添加12.5～25毫克，连用3天。

【注意事项】 注意与巴氏杆菌病、鸡毒支原体感染、大肠杆菌病、鸡痘等区别。

图41 鸡传染性鼻炎

　　病鸡鼻窦及眼周围肿胀，眼和鼻孔周围附有脓性渗出物。（陈建红、张济培，《禽病诊治彩色图谱》，2002年）

图42 鸡传染性鼻炎

　　病鸡鼻窦、眼周围和肉髯肿胀，眼睛流泪。（王乐元、甘孟侯，《中国禽病学》，2003年）

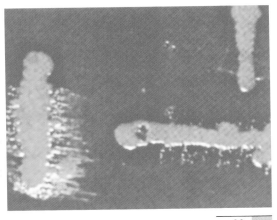

图43 鸡传染性鼻炎

　　把鸡副嗜血杆菌与葡萄球菌接种在同一血液琼脂上，可见副嗜血杆菌在葡萄球菌画线周围生长细小的菌落。（王乐元、甘孟侯，《中国禽病学》，2003年）

鸡坏死性肠炎

坏死性肠炎又称肠毒血症，是由魏氏梭菌引起的一种急性传染病。

【病原】 本病的病原为A型产气荚膜梭状芽孢杆菌，又称魏氏梭菌。革兰氏染色阳性，长4～8微米，宽0.8～1微米，为两端钝圆的粗短杆菌，单独或成双排列，在自然界中形成芽孢较慢，芽孢呈卵圆形，位于菌体中央或近端，在机体内形成荚膜是本菌的重要特点，但没有鞭毛，不能运动，人工培养基上常不形成芽孢。

A型魏氏梭菌产生的α毒素，C型魏氏梭菌产生的α、β毒素，是引起感染鸡肠黏膜坏死的直接原因。这两种毒素均可在感染鸡粪便中发现。试验证明由A型魏氏梭菌肉汤培养物上清液中获得的α毒素可引起普通鸡及无菌鸡的肠道病变。除此之外，本菌还可产生溶纤维蛋白酶、透明质酸酶、胶原酶和DNA酶等，它们与组织的分解、坏死、产气、水肿及病变扩大和全身中毒症状有关。

本菌能形成芽孢，因此对外界环境有很强的抵抗力。其卵黄培养物在-20℃能存活16年，70℃能存活3小时，80℃下存活1小时，而在100℃时仅能存活3分钟。

【临床症状和病理特征】 临床症状可见精神沉郁，食欲减退，不愿走动，羽毛蓬乱，腹泻，粪便暗红色或灰褐色。病程较短，常呈急性死亡。

剖检可见肠管显著肿胀，充满气体，肠壁呈蓝绿色，肠内容物呈褐绿色，有腐臭气味。肠黏膜有出血灶和糠麸样灰黄色坏死假膜，其他器官除瘀血外无特殊变化。

【诊断要点】 根据症状和病理变化容易做出诊断。如以肠内容物涂片镜检可见大量粗大的产气荚膜杆菌。

【防治措施】 改善鸡舍卫生状况，保证饮水洁净，做好球虫病和其他疾病的预防。发病时可用阿莫西林可溶性粉，每升水添加60毫克，连用3～5天。庆大霉素，每升水添加40毫克，饮水，连用3天。甲硝唑，每升水添加500毫克，连用5～7天。

【注意事项】 同时进行其他原发病的治疗。

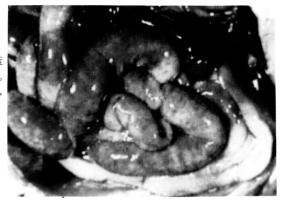

图44 鸡坏死性肠炎

病鸡小肠充气，肠浆膜呈蓝色，肠壁变薄，内容物呈褐绿色。（范国雄，《动物疾病诊断图谱》，1995年）

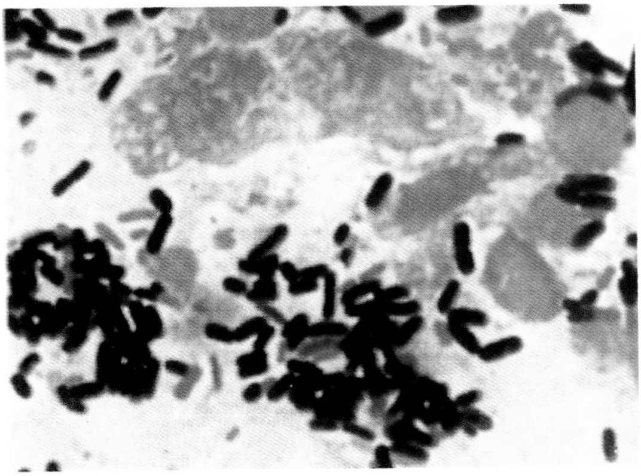

图45 鸡坏死性肠炎

肠内容物涂片可见大量粗大的产气荚膜梭菌。（范国雄，《动物疾病诊断图谱》，1995年）

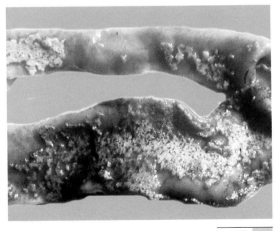

图46 鸡坏死性肠炎

小肠黏膜坏死，被覆灰黄色假膜。（陈建红等，《禽病诊治彩色图谱》，2001年）

禽结核病

　　禽结核病是由禽分枝杆菌引起的禽类的一种慢性传染病。本病多见于老龄鸡，发病鸡贫血消瘦，剖检可见多个内脏器官有结核结节形成。

　　【病原】　禽结核分枝杆菌是分枝杆菌属的一种，其特点是菌体短小，具有多形性、细长、平直或略带弯曲，有时呈杆状、球菌状或链球状等。菌体两端钝圆，菌体大小为（1.0 ~ 4.0）微米 ×（0.2 ~ 0.6）微米。禽结核分枝杆菌不形成芽孢，无荚膜，无鞭毛，不能运动。该菌对一般苯胺染料不易着色，革兰氏染色阳性。具有抗酸染色的特性，用姜-尼（Ziehl-Neelsen）染色法染色时，禽结核分枝杆菌呈红色，而其他一些非分枝杆菌染成蓝色，这种染色特性，可用于该病的诊断。

　　【临床症状和病理特征】　多见于老龄鸡，该病潜伏期长，病情发展缓慢，初期看不到症状，随后精神委顿，食欲不振或废绝，羽毛松乱，呆立不活泼，鸡冠和肉髯苍白、萎缩。呈渐进性消瘦，胸骨突出如刀，贫血。产蛋下降可达30%以上，甚至停产。受精率、出雏率均较低。关节受侵害时，常呈现一侧性翅下垂和跛行，以跳跃态行走。肠道受侵害时，有顽固性腹泻，最后因衰竭或因肝脾突然破裂而死亡。病程在2 ~ 3个月或1年以上。

　　主要病理变化是在肺、肾、肝、脾、卵巢、腹壁等器官中形成大小不等的结核结节。结核结节的组织学变化与其他动物相似，但是看不到钙化现象。

　　【诊断要点】　本病多呈慢性经过，多发生于老龄禽，病禽呈进行性消瘦，生长缓慢，生产性能下降，精神委顿，食欲减损，冠髯萎缩、苍白，或有跛行或有顽固性腹泻。根据特征性病理变化可以初步作出诊断，确诊应做病原体分离鉴定。

　　【防治措施】　本病为人兽共患病，应重视防治工作。本病目前没有疫苗。发现病鸡应淘汰所有病禽，尸体销毁，对污染物、场地、用具等严格消毒。

　　【注意事项】

　　应注意与马立克氏病、白血病、沙门氏菌病、大肠杆菌病（肉芽肿）、盲肠肝炎、弯曲杆菌性肝炎、曲霉菌病等区别。

图47 禽结核病

　　鸡肝结核，肝脏中的结核结节。（朴范泽、崔治中，《禽病诊治彩色图谱》，2003年）

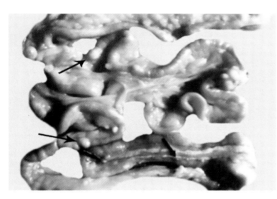

图48 禽结核病

　　鸡肠结核，肠壁上有大小不等的结核结节。（朴范泽、崔治中，《禽病诊治彩色图谱》，2003年）

图49 禽结核病

　　肺脏上大量白色结核结节。（周诗其）

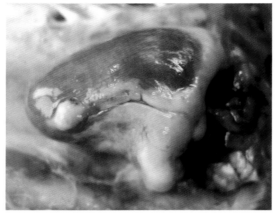

图50 禽结核病

心脏上白色结核结节。(周诗其)

图51 禽结核病

肺脏组织中的结核结节,中心为两个郎汉斯巨细胞(HE×400)。(胡薛英)

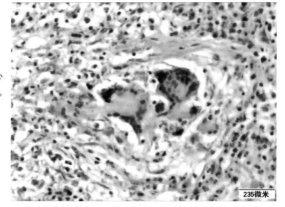

235微米

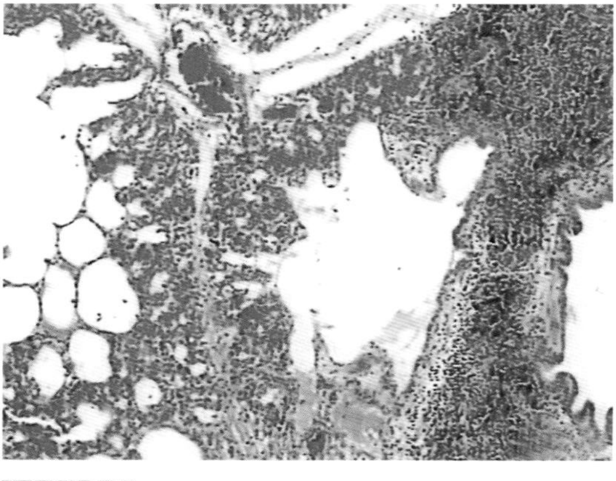

图52 禽结核病

肺脏毛细血管瘀血,小叶间隔有炎性细胞浸润(HE×100)。(胡薛英)

图53　禽结核病
　　结核结节的结构，干酪样坏死灶周围是大量的多核巨细胞（HE×400）。（陈怀涛）

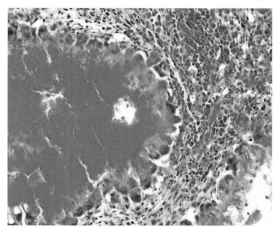

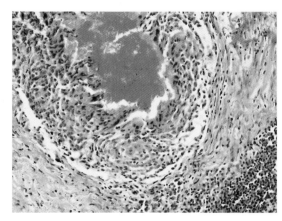

图54　禽结核病
　　脾结核结节的结构（HE×400）。（陈怀涛）

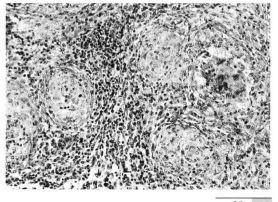

图55　禽结核病
　　肝脏中的初期结核结节，仅有上皮样细胞组成（HEA×400）。（陈怀涛）

图56　禽结核病

结核结节中的结核分枝杆菌（抗酸染色×1 000）。（吕荣修，《禽病诊断彩色图谱》，2004年）

鸡毒支原体感染

　　鸡毒支原体感染是由鸡毒支原体引起的鸡的呼吸道传染病，由于病程长而曾被称为慢性呼吸道病。

　　【病原】　支原体是没有细胞壁的原核微生物，由于缺乏细胞壁，菌体有一定的可塑性，呈多形性。由于寄宿细胞或体外培养条件不同，繁殖期不同，菌体大小和形态也各异。在体外适宜培养条件下，菌体通常呈细丝状、螺旋丝状或球菌状等。菌体大小、形态也与支原体种类和生长状况等有密切关系。螺旋丝状菌体的直径为0.08～0.2微米，长为2～5微米，由于其直径小于光学显微镜的分辨力，在显微镜下不易观察到菌体；细丝状菌体的直径为0.2～0.4微米，长度可达100微米；球菌体直径为0.3微米，长径为0.3～0.8微米，虽然球菌体的个体大于显微镜分辨力，但在相差显微镜下，仅可粗略地观察到菌体轮廓，不能分辨菌体的微细结构以及与宿主细胞之间的关系。患处分泌物混杂着局部组织或细胞的变性及崩解产物。因此，仅仅从球菌体的粗略形态或菌体与细胞黏附状况，不能确诊为支原体。因为采用这种方法既可出现假阴性，也可出现假阳性。其诊断的可靠性值得怀疑。

　　鸡毒支原体对环境抵抗力低，在水内立刻死亡，在20℃的鸡粪内可生存1～3天。在卵黄内37℃时生存18周，45℃下12～14小时死亡。液体培养物在4℃时不超过1个月，在－30℃中可保存1～2年，在－60℃可生存10多年，冻干培养物在－60℃中存活时间更长。但各个分离株保存时间极不一致，有的远远达不到这么长的时间。

【临床症状和病理特征】　潜伏期为4～21天，主要呈慢性经过，病程1～4个月。单纯感染支原体的鸡群，在正常的饲养管理条件下，常不表现症状，呈隐性经过；幼龄鸡发病症状类似于鸡传染性鼻炎，但本病一般呈慢性经过。当临床症状消失后，感染鸡生长发育受到不同程度的抑制；成年鸡感染很少死亡，雏鸡感染如无其他疫病并发，病死率也低，若并发感染，病死率可达30%；产蛋鸡感染，一般呼吸症状不显著，只表现产蛋量和孵化率低，孵出雏鸡的生活力降低。

典型症状主要发生于幼龄鸡，若无并发症，发病初期，鼻腔及其邻近的黏膜发炎，病鸡出现浆液、浆液－黏液性鼻漏，打喷嚏，窦炎，结膜炎及气囊炎，眼角流出泡沫样浆液或黏液；中期炎症由鼻腔蔓延到支气管，病鸡表现为咳嗽，有明显的湿性啰音；到了后期，炎症进一步发展到眶下窦等处时，由于该处蓄积的渗出物引起眼睑肿胀，向外突出如肿瘤，视觉减退，以至失明。

病鸡食欲减退，进行性消瘦，生长缓慢。产蛋鸡产蛋量下降，一般下降10%～40%。种蛋的孵化率降低10%～20%，弱雏增加10%；死亡率一般为10%～30%，严重感染或混合感染大肠杆菌、禽流感时死亡率可达40%～60%。

主要病变表现为上呼吸道炎症，气囊炎症，眼、鼻腔、鼻窦内有浆液性、脓性或有干酪样渗出物。腹腔有泡沫样浆液，气囊壁浑浊增厚，囊腔内有黄白色干酪样渗出物。

【诊断要点】　根据病程较长，病鸡呼吸困难，气管啰音，眼睑或鼻窦肿胀，眼结膜发炎，眼角内有泡沫样液体或流出灰白色黏液，鼻腔和鼻窦内有脓性渗出物或干酪样物，腹腔有泡沫样浆液，气囊壁浑浊增厚，囊腔内有干酪样渗出物等可以作出诊断。

【防治措施】

1.接种疫苗。目前有两种疫苗，致弱的F株疫苗和油乳剂灭活疫苗，均有良好效果，F株弱毒疫苗可以与新城疫B$_1$或Lasota株同时接种。

2.改善鸡舍通风，降低饲养密度，提供全价平衡饲料，经常对鸡舍消毒。

3.防止并发疾病（如大肠杆菌病等）。

4.发病时可用泰乐菌素、泰妙菌素（支原净）、罗红霉素、阿奇霉素、替米考星、土霉素等治疗，酒石酸泰乐菌素每升水添加500～800毫克，连用5～7天；泰妙菌素每升水添加125毫克，连用5～7天。

【注意事项】 本病常与大肠杆菌病、传染性支气管炎等混合感染，治疗时应同时进行方可获得较好疗效。

图57 鸡毒支原体感染

病鸡眼睑和眶下窦肿胀，闭目。（王新华）

图58 鸡毒支原体感染

结膜潮红，结膜囊内有大量浆液和泡沫。（王新华）

图59 鸡毒支原体感染

病鸡眼角内有大量黏液流出，眼角内有泡沫，鼻孔流出黏液。（王新华）

图60　鸡毒支原体感染
　病鸡腹腔有多量浆液和泡沫。
（王新华）

图61　鸡毒支原体感染
　病鸡气囊壁浑浊增厚，囊腔中
有黄白色干酪样凝块。（王新华）

滑液支原体感染

　　滑液支原体感染是由滑液支原体引起的鸡的浆液性或化脓性腱鞘炎、滑膜炎和关节炎。

　　【病原】　同鸡毒支原体感染。

　　【临床症状和病理特征】　病鸡常消瘦，跛行，不能站立。病变主要发生于滑液囊、关节囊等处。关节囊、滑液囊、腱鞘等处发生浆液性或化脓性炎症。

　　【诊断要点】　根据症状和病理特征可以作出诊断。

　　【防治措施】　同鸡毒支原体。

【注意事项】 注意与葡萄球菌病（关节炎型）区别。

图62 滑液支原体感染
  跗关节肿大，不能站立。（王
新华）

图63 滑液支原体感染
  跗关节周围滑液囊肿大。（王
新华）

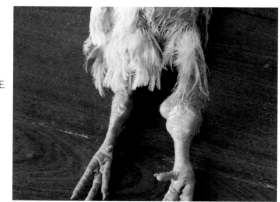

图64 滑液支原体感染
  跗关节周围滑液囊肿大。（王
新华）

图65　滑液支原体感染

　　图64的病鸡剖开可见滑液囊内有灰白色脓液。（王新华）

图66　滑液支原体感染

　　跗关节周围滑液囊肿大，内有白色黏液。（王新华）

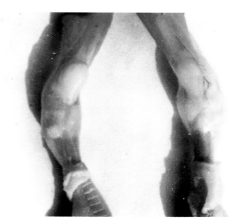

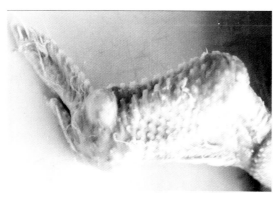

图67　滑液支原体感染

　　翅关节滑液囊肿大。（王新华）

禽曲霉菌病

禽曲霉菌病主要是由真菌中的烟曲霉菌等引起的真菌性疾病。临床上表现为呼吸道症状，病理特征为霉菌性肺炎、霉菌性肉芽肿形成。

【病原】 引起禽曲霉菌病的病原体主要为烟曲霉和黄曲霉，其次为构巢曲霉、黑曲霉和土曲霉等，这些曲霉菌都具有如下共同的形态结构：①菌丝：分支、有隔，细胞多核；②分生孢子梗：由特化的膨大而厚壁的菌丝细胞（即足细胞）的中部向上生长而成；③顶囊：分生孢子梗顶端的膨大部分，呈球形、椭球形、烧瓶形或棍棒形；④小梗：被覆于顶囊周边，一层或两层。如为两层，则内层叫梗基，外层叫瓶梗；⑤分生孢子：成串排列于小梗的游离端。

但是，不同的菌种在这些结构的形态上又有明显的不同。根据这些不同点，特别是分生孢子头（顶囊、小梗、分生孢子三部分的合称）的特征，结合菌落的形态和颜色，可将这几种曲霉菌区别开。

【临床症状和病理特征】 自然感染的潜伏期2～7天，发病率不等，20日龄以内的鸡呈急性经过，病程大约1周，发病严重或治疗不当时死亡率可达50%以上。

急性感染的雏禽表现为霉菌性肺炎，初期食欲不振，精神沉郁，两翅下垂，羽毛松乱，闭目嗜睡。接着出现呼吸困难，举颈张口喘气，喷鼻，甩头。鼻孔和眼角有黏液性分泌物。后期雏鸡头颈频繁的伸缩，呼吸极度困难，最后窒息死亡。

霉菌性眼炎时，病雏一侧或两侧眼睑肿胀，羞明，流泪，结膜潮红，结膜囊内有黄白色干酪样凝块，挤压可出，如黄豆瓣大小。

青年鸡和成鸡感染时多为慢性经过，症状不明显，可见发育不良，羽毛松乱，消瘦、贫血，严重时呼吸困难，冠髯暗红。有时可在皮下、眼睑等处形成霉菌结节。

急性曲霉菌病的病理变化主要表现在肺部、气囊以及腹腔浆膜等处。肺脏上的霉菌结节从米大到绿豆大或更大，多个结节互相融合时可使病灶更大。结节初期呈灰白色、半透明、较坚硬而有弹性。以后结节呈灰黄色，中心发生干酪样坏死。结节周围有暗红色的炎性浸润带。未受侵害的肺组织表现正常。

气囊和腹腔浆膜上散在大小不等的灰白色或黄色霉菌结节。有时在气囊和腹腔浆膜上可见灰白色或灰绿色的霉菌斑块。

较大的鸡感染时多呈慢性经过，在气囊、胸腔、肺、肾脏、腺胃、皮下等部位形成较大的霉菌结节，有时可达鸡蛋大，周围有结缔组织包膜。这种结节实际上是多个小结节的融合。

【诊断要点】　本病与垫料、饲料霉变有直接关系。多表现为霉菌性肺炎和气囊、胸腹腔、皮下、内脏器官的霉菌结节形成；根据症状和病理变化很容易作出诊断。

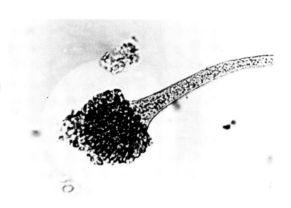

图68　禽曲霉菌病
　雏鸡曲霉菌性肺炎，气囊上的霉菌分生孢子头。（王新华）

图69　禽曲霉菌病
　雏鸡曲霉菌性肺炎，病雏呼吸困难，伸颈张口喘气，闭目，两翅下垂。（王新华）

图70 禽曲霉菌病

曲霉菌性眼炎，眼睑肿胀，眼裂闭合，结膜发炎，结膜囊内有黄豆瓣样黄白色干酪样渗出物。（B.W.卡尔尼克，《禽病学》，高福、苏敬良译，1999年）

图71 禽曲霉菌病

雏鸡曲霉菌性肺炎，肺部大量霉菌结节，灰白色肿瘤样。（王新华）

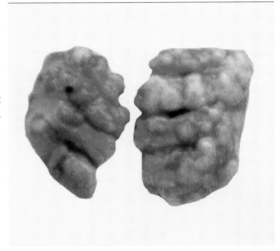

图72 禽曲霉菌病

病鸡眼睑上的霉菌结节。（王新华）

图73 禽曲霉菌病

图72中的病鸡剖开后，除眼睑上结节外，在颈部皮下也见到较大的霉菌结节。（王新华）

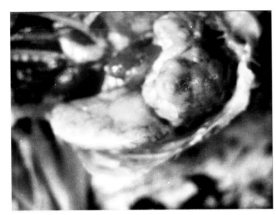

图74 禽曲霉菌病

病鸡胸腔巨大的灰黄色、分叶状霉菌结节。（王新华）

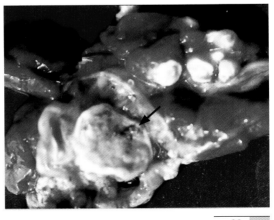

图75 禽曲霉菌病

肾脏上有数个呈圆盘状，灰白色，质地坚实的结节，最大的一个结节表面有黄绿色的菌丝体。（王新华）

图76　禽曲霉菌病

　　腺胃与肌胃交界处的霉菌结节，结节中心有暗绿色菌斑。（王新华）

图77　禽曲霉菌病

　　气囊上密布灰黄色、小米粒大小的霉菌结节。（王新华）

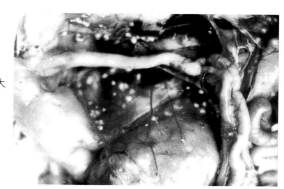

　　【防治措施】　本病的发生与霉变饲料、霉变垫料有直接关系，防治本病的关键是不用发霉的饲料和垫料，保持鸡舍干燥，通风良好。一旦发病可用制霉菌素100只雏鸡用50万～100万单位或每千克饲料用50万～100万单位拌料饲喂，连用2～3天。也可用克霉唑每千克饲料添加1克拌料，连用2～3天。

　　【注意事项】　诊断时注意与鸡白痢、马立克病区别。

念 珠 菌 病

　　禽念珠菌病是由白色念珠菌引起的禽类上消化道的一种霉菌病。

表现为消化机能障碍和上部消化道黏膜发生溃疡和形成假膜。

【病原】 本病的病原是一种类酵母样的真菌，称为白色念珠菌。在培养基上菌落呈白色金属光泽。菌体小而椭圆，能够长芽，伸长而形成假菌丝。革兰氏染色阳性，但着色不均匀。病鸡的粪便中含有多量病菌，在病鸡的嗉囊、腺胃、肌胃、胆囊以及肠内，都能分离出病菌。

白色念珠菌在自然界广泛存在，可在健康畜禽及人的口腔、上呼吸道和肠道等处寄居。各地不同禽类分离的菌株其生化特性有较大差别。该菌对外界环境及消毒药有很强的抵抗力。

【临床症状和病理特征】 高密度饲养，霉变料，气候潮湿，维生素缺乏等可促进本病发生。本病病程一般为5～15天。6周龄以前的幼禽发生本病时，死亡率可高达75%。该病多发生在夏、秋炎热多雨季节。鸽群发病往往与鸽毛滴虫并发感染。

长期使用抗生素或饮用消毒药水可导致肠道菌群失调，继发二重感染，引起本病发生。

急性暴发时常无任何症状即死亡。病鸡减食或停食，消化障碍。精神委顿，消瘦，羽毛松乱。眼睑和口腔出现痂皮病变，散在大小不一的灰白色丘疹，继而扩大成片，高出皮肤表面，凹凸不平。口腔黏膜形成干酪样，吞咽困难，嗉囊胀满而松软，压之有痛感，并有酸臭气体自口中排出。有时病鸡下痢，粪便呈灰白色。一般1周左右死亡。

特征性病理变化是上消化道黏膜发生溃疡和形成假膜。可见喙缘结痂，口腔、咽和食管有干酪样假膜和溃疡。嗉囊黏膜明显增厚，被覆一层灰白色斑块状假膜，易刮落。假膜下可见坏死和溃疡。少数病禽引起胃黏膜肿胀、出血和溃疡，颈胸部皮下形成肉芽肿。

【诊断要点】 根据季节、饲料霉变、长期使用抗生素、临床症状和病理变化基本可以确诊。

【防治措施】 加强综合性卫生管理，不使用霉变饲料。一旦发病可用制霉菌素，每升水添加50～100毫克，连用1～3周，同时补充维生素B$_2$。混合感染毛滴虫时可用0.05%二甲硝咪唑饮水，连用7天。

【注意事项】 减少广谱抗生素使用，防止二重感染。

图78　念珠菌病

　　嗉囊表面灰白色假膜。(陈建红等,《禽病诊治彩色图谱》,2001年)

图79　念珠菌病

　　嗉囊局部黏膜被覆灰白色容易剥离的假膜。(王新华)

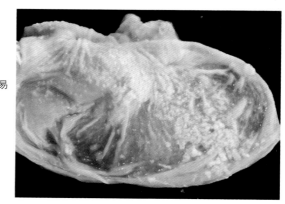

禽流行性感冒

　　禽流行性感冒简称禽流感,是由A型流感病毒引起的一种禽类的感染和/或疾病综合征。高致病性禽流感表现为高死亡率,全身多个器官出血性病变;低致病性禽流感死亡率较低,产蛋率严重下降,生殖器官病变严重。

　　【病原】　禽流感的病原体是正黏病毒科中的A型流感病毒。流感病毒共有A、B、C三个血清型,B型和C型一般只感染人类,A型可感染禽类、人类、猪、马和其他哺乳动物。A型流感病毒是中等大小、多形态的RNA病毒,一般呈球形,直径80～120纳米,也有直径为

80纳米，长短不一的丝状。病毒的囊膜上有含有血凝素（HA）和神经氨酸酶（NA）活性的糖蛋白纤突，长度10～12纳米，密集排列于病毒粒子的表面。依据血凝素和神经氨酸酶的抗原特性，可将A型流感病毒分为若干个亚型。目前，已知的HA有15种按H1～15编号，NA有9种按N1～9编号。每一个亚型根据HA和NA的不同分别标出，如H5N1、H9N3等。

流感病毒抗原性变异的频率很高，主要是通过抗原漂移和抗原转移进行。抗原漂移是由编码HA或NA蛋白的基因发生点突变引起的，是免疫群体中筛选变异体的反应；抗原转移是两种病毒混合感染时基因片段交换、重组引起的。由于抗原的漂移和抗原的转移，可能产生更多新的变异毒株或亚型。

病毒可以在鸡胚、鸭胚、鸡胚成纤维细胞和易感鸡、火鸡、鸭等动物体内复制。

流感病毒的抵抗力一般不强，高温、紫外线、各种消毒药都可将其杀死。但是存在于粪便、尸体中的病毒可以存活很长时间。4℃条件下可保持感染性30～35天，20℃为7天。56℃下30分钟、60℃下10分钟可以杀死，65～70℃数分钟即丧失活性。对低温耐受性较大，－20℃或－196℃可以存活42个月，其凝血活性和抗原性没有变化。但反复冻融可使其灭活。流感病毒是有囊膜病毒，对去污剂和脂溶剂都比较敏感，甲醛、β-丙内酯、氧化剂等均可迅速将其灭活，加热、极端的pH等也可使其失活（适宜pH为6.4～7.2）。

【临床症状和病理特征】 由于病毒的毒力不同，被感染禽的种类、年龄、性别、并发感染和其他环境因素的不同，其症状也很不相同。

高致病性禽流感时，潜伏期短者几小时，长者几天，最长可达21天，发病急，发病率和死亡率高，有时可达90%以上。突然暴发，常无明显症状而死亡。病程稍长者，病禽体温升高，精神沉郁，食欲废绝；呼吸困难、咳嗽、有气管啰音；冠、髯暗红或发绀，结膜发炎，头面部肿胀，眼、鼻流出浆液性、黏液性或脓性分泌物；拉灰白色或黄绿色稀粪；有时腿部或趾部出血；产蛋率明显下降，软蛋、破蛋增多。发病后期有时会有神经症状。许多症状与新城疫相似，因此往往被误诊为新城疫，如按新城疫处理，接种疫苗会加重死亡。

低致病性禽流感主要表现为呼吸困难、咳嗽、流鼻涕、明显的湿性啰音。拉黄白色或绿色黏液样稀粪。产蛋量下降，下降的幅度不一致，轻度感染时仅表现为轻度的呼吸困难和小幅度的产蛋量下降（下降4%～5%），也有些鸡群无症状，仅少量减产或不减产。严重感染者产蛋率下降50%～80%，也有的几乎停产，病后产蛋率的恢复十分困难。死亡率不等。种鸡发生禽流感后除产蛋率下降外，种蛋的受精率、孵化率、出雏率降低，死胚增多，壮雏率降低。

高致病性毒株感染时，死亡很快，可能看不到明显的病理变化，有时可见头部肿胀，皮下呈胶冻样水肿；腿、趾部出血；眼结膜充血、出血；鼻黏膜、气管黏膜充血、出血；心外膜出血，心肌变性；气囊炎，纤维素-卵黄性腹膜炎，卵泡变性、变形、出血、坏死；腺胃出血，肠道黏膜出血。

低致病性禽流感时多数病禽发生纤维素-卵黄性腹膜炎，卵泡变性、变形、出血、坏死，输卵管发炎，输卵管内有数量不等的灰白色脓样黏液或干酪样渗出物。如继发细菌感染时，病变则更加复杂。

【诊断要点】 高致病性禽流感发病率高，死亡率高，呼吸困难，严重腹泻，拉灰白色或黄绿色稀粪，头面部肿胀，部分鸡只腿部、趾部皮下出血；产蛋量大幅度下降，甚至停产，后期有神经症状；消化道特别是腺胃和肠道、呼吸道出血性变化明显，蛋黄性或纤维素性腹膜炎，输卵管炎。低致病性禽流感时产蛋量可能有不同程度的降低，呼吸困难等，缺乏明显病理变化。根据流行病学特点，临床症状和病理变化可以初步建立诊断，确诊需依靠病毒分离鉴定和血清学试验。

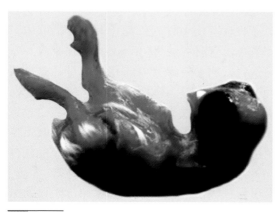

图80 禽流感

病毒接种9～11日龄鸡胚后多于48小时内死亡，胚体全身出血。（王新华）

图81　禽流感

　　病鸡精神沉郁，冠髯暗红，拉灰白或黄绿色稀粪。（王新华）

图82　禽流感

　　病鸡面部和颌下显著肿胀。（王新华）

图83　禽流感

　　颌下肿胀部位切开可见灰白色或淡黄色胶冻样水肿，肉髯切面呈淡黄色胶冻样水肿。（王新华）

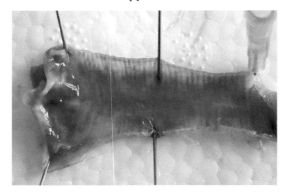

图84　禽流感
　　病鸡气管黏膜出血。（王新华）

图85　禽流感
　　急性病例腹腔积有大量卵黄液，卵泡出血。（王新华）

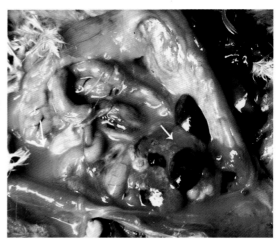

图86　禽流感
　　急性病例，腺胃浆膜出血。（王新华）

图87　禽流感

　　腺胃乳头出血。（王新华）

图88　禽流感

　　腺胃肌胃交界处出血。（王新华）

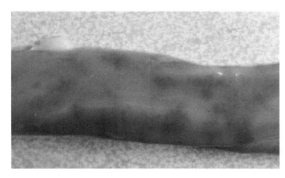

图89　禽流感

　　十二指肠出血。（王新华）

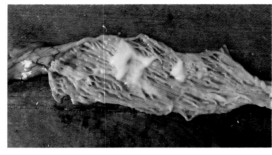

图90　禽流感

输卵管内积有脓液或灰白色凝块。（王新华）

图91　禽流感

心外膜出血。（王新华）

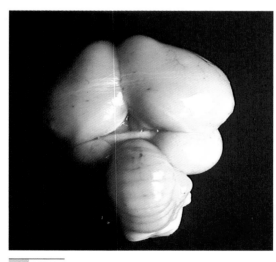

图92　禽流感

病鸡大脑和小脑脑膜下有细小的出血点。（王新华）

图93　禽流感
　　腿部出血。（王新华）

图94　禽流感
　　趾部明显出血。（王新华、
逯艳云）

图95　禽流感
　　腿部皮下呈淡黄色胶冻样水
肿。（王新华）

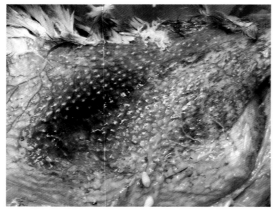

图96　禽流感

颈部皮下严重出血。（王新华）

【防治措施】

1. 加强卫生管理。

2. 定期接种疫苗。

3. 一旦发生高致病性禽流感应及时上报，进行封锁、扑杀，所有病死禽尸体、污染物等严格消毒，疫区周围家禽全部接种疫苗，疫区内最后一只家禽扑杀后21天不再有病禽发生，方可解除封锁。

4. 发生低致病性禽流感时，可用特异性抗体制剂和干扰素配合抗生素、多种维生素、转移因子、植物血凝素进行治疗，有时可获得较好的效果。但是产蛋率的恢复比较缓慢，部分病鸡将不能恢复，可选择性淘汰。

【注意事项】　由于本病为人兽共患病，在防治时要注意个人防护。本病与新城疫有很多相似之处，诊断时注意区分。

新　城　疫

新城疫是由新城疫病毒引起的一种高度接触性传染病。主要侵害鸡和火鸡，其他禽类和野禽也可感染。

【病原】　本病病原体是副黏病毒科副黏病毒属的成员。成熟的病毒粒子为近圆形，多数呈蝌蚪状，直径120～300纳米。具有囊膜，内有血凝素和神经氨酸酶。

新城疫病毒能在9～11日龄鸡胚上复制，导致鸡胚发生病变和死亡。也可在多种细胞培养物上复制。病毒能凝集鸡的红细胞和人O型血红细胞，也可凝集牛、羊红细胞但不稳定。病毒在0.1%甲醛作用下，凝集红细胞的能力明显减弱。病毒与红细胞结合不是永久性的，经过一定时间，病毒与红细胞分离开又重新悬浮于液体中，这种现象称为解脱。解脱是由于神经氨酸酶的作用。由于毒株毒力不同，解脱时间有差异，一般说弱毒解脱快，强毒解脱慢。所以在进行新城疫病毒血凝试验时要及时观察，可根据解脱时间判断强毒和弱毒。新城疫病毒凝集红细胞的能力可被特异性血清抑制。因此，根据新城疫病毒对红细胞凝集的能力和被抑制的性质，可以进行病毒鉴定、疾病诊断、测定疫苗效价、进行免疫检测。禽流感病毒也具有此能力，但是禽流感病毒凝集红细胞的范围更广泛，可以据此区分新城疫病毒和禽流感病毒（表1）。

表1　新城疫病毒与禽流感病毒血凝性比较

红细胞来源	人O型血	鸡	马	驴	骡	绵羊	山羊	猪	兔	豚鼠	小鼠	鸽	麻雀
新城疫病毒	+	+	-	-	-	-	-	±	+	+	+	+
禽流感病毒	+	+	+	+	+	+	+	+	+	+	+	+

新城疫病毒的致病性差异很大，嗜内脏速发型毒株可导致急性、致死性感染，常见消化道出现明显病变，表现为出血和溃疡形成；嗜神经速发型毒株可引起急性、致死性感染，特征是表现为呼吸和神经症状；中发型毒株一般仅引起幼雏发病死亡，成年鸡和免疫过的鸡不发病，此型毒株常用于制造Ⅰ系疫苗；缓发型毒株仅引起轻度或隐性呼吸道感染，对雏鸡也不引起发病，常用于制造Ⅱ系或Ⅳ系疫苗。

病毒对温热有较强的抵抗力，37℃可以存活7～9天，－20℃可存活几个月，－70℃经几年感染力不受影响。pH较稳定，pH2～12的环境下作用1小时不受影响。但对各种化学消毒剂均很敏感。

【临床症状和病理特征】

1. **最急性型**　突然发病，常无特征症状而迅速死亡。多见于流行初期和雏鸡。

2.**急性型** 病初体温升高达43～44℃，食欲减退或废绝，有渴感，精神萎靡，不愿走动，垂头缩颈或翅膀下垂，眼半开或全闭，状似昏睡，鸡冠及肉髯渐变为暗红色或暗紫色。母鸡产蛋停止或产软壳蛋，蛋壳褪色。随后出现比较典型的症状：病鸡咳嗽、呼吸困难，有黏液性鼻漏，发出呼噜呼噜的气管啰音。口角流出多量黏液，为排除黏液，病鸡常做摇头或吞咽动作。嗉囊内充满液体内容物，倒提时常有大量酸臭液体从口中流出。粪便稀薄，呈黄绿色或黄白色，有时混有少量血液，后期排出蛋清样的排泄物。有的病鸡还出现神经症状，头和尾巴有节奏的震颤似在啄食等，最后体温下降，不久在昏迷中死亡。病程为2～5天。1月龄内小鸡病程较短，症状不明显，死亡率高。

3.**亚急性型或慢性型** 病初期症状与急性型相似，不久后渐渐减轻，但同时出现神经症状，头颈向后或向一侧扭转，动作失调，反复发作，最后瘫痪或半瘫痪，一般经10～20小时死亡。此型多发生于流行后期的成年鸡，致死率低。个别病鸡可以康复，部分不死的病鸡遗留有特殊的神经症状，有的病鸡出现仰头观星、有的头扭向一侧或勾向腹下，有时外观正常，当受到惊吓时在地上翻滚，安静后逐渐恢复正常，仍可采食和产蛋。

4.**非典型新城疫** 免疫鸡群感染时由于抗体滴度不整齐，多呈非典型经过，是近年来常见的一种病型，主要表现为产蛋量不同程度的下降，蛋壳褪色、变薄、变脆，产软壳蛋或畸形蛋。有不同程度的呼吸道症状，拉黄绿色稀粪。死亡率一般较低。血清抗体水平高低不整齐，可相差3～4个滴度。

特征性病理变化表现为：腺胃乳头出血，肠道黏膜出血，枣核样局灶性溃疡，肾脏尿酸盐沉积，呈花斑肾，非化脓性脑炎。

【诊断要点】 发病鸡精神沉郁，食欲废绝，闭目缩颈，冠髯暗红，拉黄绿色稀粪；产蛋率明显下降，蛋壳变薄变脆，蛋壳褪色；腺胃乳头出血，肠黏膜出血、局灶性溃疡；肾脏肿大呈花斑肾；根据上述症状和病理特征一般可以作出诊断，确诊应进行病原分离或血清学检验。

图97　新城疫

　　接种病料的鸡胚全身出血。
（王新华）

图98　新城疫

　　人工发病试验，病鸡精神沉
郁，食欲废绝，闭目缩颈，伸颈
张口喘气，拉黄绿色稀粪。（王
新华）

图99　新城疫

　　病鸡闭目嗜睡，缩颈，头和尾
部有节奏的震颤。（王新华）

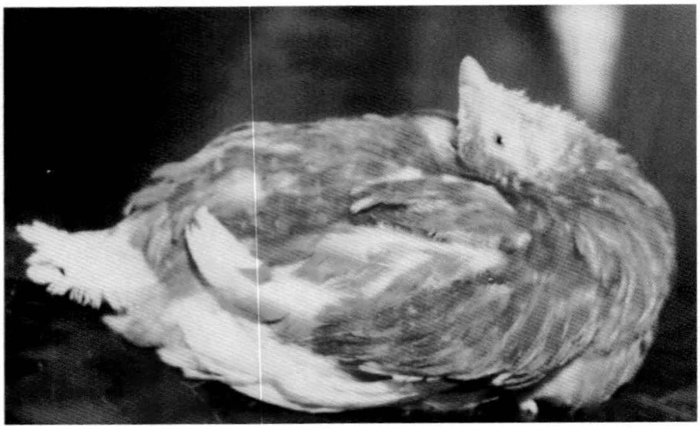

图100　新城疫

病鸡出现神经症状，仰头观星。(王新华)

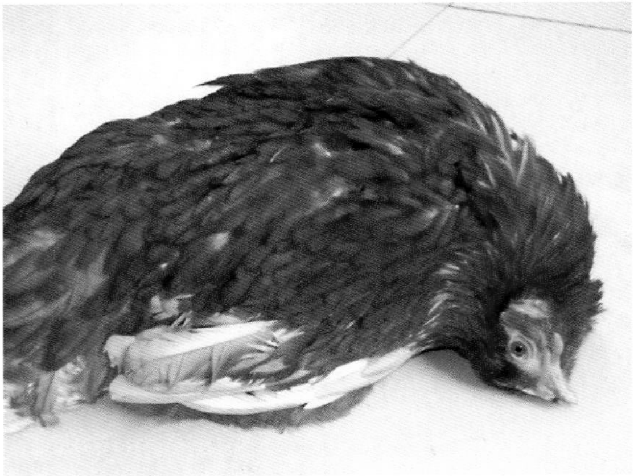

图101　新城疫

神经症状，捩颈症状。(王新华)

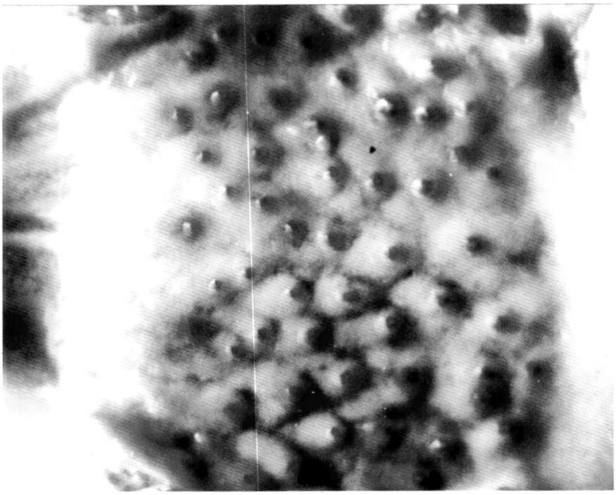

图102　新城疫

腺胃乳头出血。(王新华)

图103 新城疫

肠道淋巴集结所在部位发生出血、坏死形成溃疡，外观看像嵌入枣核样。（吕荣修，《禽病诊断彩色图谱》，2004年）

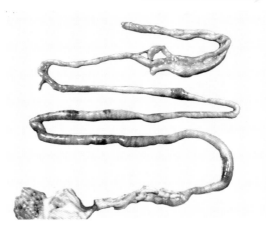

图104 新城疫

肠黏膜出血，并有局灶性坏死。（王新华）

图105 新城疫

病鸡直肠出血，有局灶性坏死灶，盲肠扁桃体出血、坏死。（王新华）

图106 新城疫

人工发病试验，肾脏肿大苍白，输尿管内充满尿酸盐，肾脏外观呈花纹状。（王新华）

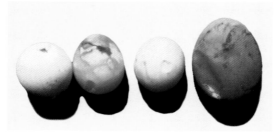

图107　新城疫

　　病鸡产蛋量下降，壳褪色，软蛋和破蛋增多，并有大小不等的畸形蛋。(王新华)

图108　新城疫

　　非典型新城疫时抗体水平高低不整齐，高低相差5个滴度。(王新华)

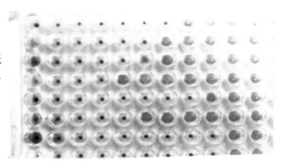

【防治措施】

　　1.**加强免疫接种和免疫检测**　首先要根据雏鸡母源抗体水平制定合理的免疫程序，别人提供的免疫程序只可供参考，必须根据本场的具体情况制定自己的免疫程序。

　　(1) 推荐免疫程序　蛋鸡可于1～4日龄首免，14日龄二免，28～30日龄三免，以后每2～3个月免疫一次，二免以后可用灭活苗加活苗；肉仔鸡10～15日龄首免，28～30日龄二免，使用弱毒疫苗，一般不用灭活苗以免影响肉尸卫生质量；种鸡可使用蛋鸡的免疫程序，但是剂量应加大。

　　(2) 适时进行免疫检测　通过免疫检测可以考核免疫程序是否合理以便及时调整。

　　2.**发病时的控制措施**　发病时应及早确诊，早期可以进行紧急免疫接种，虽然可能会死一些鸡，但是能很快控制疫情，可使用弱毒或中毒疫苗。如果病情比较严重，应立即使用抗新城疫高免卵黄或经提取纯化的卵黄抗体（抗新城疫IgY），同时配合抗生素和免疫增强剂（干扰素、胸腺肽、转移因子等）可获得较好的疗效。

【注意事项】 注意和禽流感、传染性支气管炎、传染性喉气管炎、禽巴氏杆菌病的鉴别诊断。

鸡传染性法氏囊病

鸡传染性法氏囊病（IBD）是由鸡传染性法氏囊病毒引起的鸡的一种高度接触性传染病，由于该病可导致免疫抑制，常造成免疫失败而诱发多种疫病。本病发病率高，病程短，死亡率高，是危害雏鸡的严重疫病之一。

【病原】 鸡传染性法氏囊病病毒属于双RNA病毒科。具有单层衣壳，无囊膜。电镜观察表明传染性法氏囊病病毒（IBDV）有2种不同大小的颗粒，大颗粒直径约60纳米，小颗粒约20纳米，均为二十面体立体对称结构。病毒粒子大小为55～65纳米。病毒可以在无母源抗体的鸡、鸡胚和鸡胚成纤维细胞中复制。野外毒株初次接种雏鸡或鸡胚往往不易成功，通过连续传代后可以获得成功。最佳的接种途径是绒毛尿囊膜。目前，认为法氏囊病毒有2个血清型，即1型和2型，两型之间没有交叉保护性。血清1型属于强毒，它可能有不同的变异株，因此它们的致病性也不同。

病毒对环境和理化因素的抵抗力很强，在清除病鸡的鸡舍中52天和122天后仍然可使其他鸡感染发病，鸡舍中的饮水、饲料和粪便52天后仍有感染性。病毒耐热，耐阳光及紫外线照射，在56℃条件下5小时病毒仍有活力，60℃可存活0.5小时，70℃则迅速灭活。30℃情况下，0.5%苯酚和0.125%的硫柳汞1小时不能使病毒灭活。0.5%的甲醛6小时可使病毒的感染力明显降低。病毒耐酸不耐碱，pH2.0经1小时不被灭活，pH12则受抑制。对乙醚和氯仿不敏感。3%的煤酚皂溶液、0.2%的过氧乙酸、2%次氯酸钠、5%的漂白粉、3%的石炭酸、3%福尔马林、0.1%的升汞溶液可在30分钟内灭活病毒。

【临床症状和病理特征】 各种品种的鸡都可感染，易感日龄在3～6周龄，较大和较小的鸡也可感染，但是发病率和死亡率较低。火鸡也可感染，从鸡分离的病毒只感染鸡，火鸡不发病，但能引起抗体产生。同样，从火鸡分离的病毒仅能使火鸡感染，而不感染鸡。不同品种的鸡均有易感性。传染性法氏囊病母源抗体阴性的鸡可于1周龄内感染发病，有母源抗体的鸡多在母源抗体下降至较低水平时感染发病。母源抗体较高时，感染超强毒也可发病。

本病潜伏期为2～3天，易感鸡群感染后发病突然，如无继发感染，病程7～8天，典型发病鸡群的死亡曲线呈尖峰式。一般在少数死亡后的第3～4天死亡达到高峰，第5天死亡显著减少，发病后7～8天后死亡停止，鸡群恢复健康。死亡率差异很大，感染超强毒株时死亡率可达70%以上，有的仅为1%～5%，多数情况下为20%左右。

发病初期有些病鸡啄自己的肛门，出现呈喷射状水样腹泻，或粪便呈灰白色石灰浆样，以后病鸡精神严重委顿，低头嗜睡，蹲卧不动，体温常升高，泄殖腔周围的羽毛被粪便污染。此时病鸡脱水严重，趾爪干燥，眼窝凹陷，最后衰竭死亡。在初次发病的鸡场多呈急性感染，症状典型，发病率、死亡率高。以后发病多转为亚临床型。近年来发现部分1型变异株所致的病型多为亚临诊型，死亡率低，但其造成的免疫抑制严重，鸡群经常发生各种疾病而且很难控制。蛋鸡比肉鸡易感，肉鸡感染比蛋鸡病变严重，死亡率高。

如有继发感染可使病情复杂，病程延长，死亡加重。感染低致死性毒株时一般不会发生大批死亡，大体病理变化有以下几点：

（1）脱水 由于病鸡严重的腹泻造成脱水，剖检可见肌肉干燥无光。

（2）肌肉出血 胸肌、腿肌、翅肌等肌肉发生条纹状或斑块状出血。

（3）腺胃出血 腺胃乳头呈环状或点状出血。

（4）法氏囊的病变 由于病毒株的毒力不同，法氏囊病变也不一致，超强毒株感染时法氏囊肿大、出血呈紫红色葡萄状，黏膜肿胀、出血、坏死。囊腔内有灰白色或灰红色糊状物，或灰白色干酪样坏死物。有时法氏囊肿大呈柠檬黄色，浆膜呈淡黄色胶冻样水肿）。在疾病的后期法氏囊发生萎缩，囊壁变薄，甚至消失。某些中等毒力毒株疫苗也可引起法氏囊病变，表现为肿大呈柠檬黄色，浆膜呈淡黄色胶冻样水肿。

（5）肾脏的病变 肾脏肿大，肾小管内充满尿酸盐，外观呈灰白色花纹状。

【诊断要点】 多发于 3 ～ 6 周龄，病初水样喷射状腹泻，或排灰白色石灰浆样稀粪；病鸡闭目缩颈；死亡高峰在发病后的 3 ～ 5 天；死亡曲线呈尖峰状；剖检可见法氏囊肿大、出血、坏死，呈紫红色葡萄状，有时外观呈柠檬黄色浆液性水肿，有时囊腔中有黏液或干酪样物；腿肌、胸肌、翅肌等处有条纹状出血斑块；腺胃乳头出血，肾脏肿大成灰白色花纹状。根据症状和病理变化一般可以做出诊断，必要时可用琼脂扩散试验或快速诊断试纸条确诊。

【防治措施】

1.加强卫生消毒 育雏室要彻底清扫，并用 0.5%的甲醛喷洒，同时用甲醛熏蒸消毒。

2.疫苗预防

（1）首免日龄的确定 用琼脂扩散试验检测母源抗体，1 日龄雏鸡母源抗体阳性率低于80%者，10 ～ 17 日龄首免。母源抗体阳性率高于80%者，7 ～ 10 日龄再次测定，如低于50%者，10 ～ 21 日龄首免，高于50%者17 ～ 24 日龄首免。

（2）免疫程序 首免可根据母源抗体阳性率确定，首免用弱毒活苗饮水。7 ～ 14 天后二免，用中毒活苗饮水，同时接种油乳苗。种鸡于18 ～ 20 周龄、40 ～ 42 周龄各接种中毒苗和油乳苗一次。肉仔鸡 1 ～ 3 日龄、10 ～ 14 日龄各饮水接种一次中毒活苗。饮水器和饮水中不得含有能使疫苗病毒灭活的有害物质，为了保护疫苗病毒，应在水中加入 0.2%的脱脂牛奶，并让鸡群在 30 分钟内饮完。

3.发病时的控制措施

（1）发病早期使用高免卵黄饮水或注射卵黄抗体，可获得较好的疗效。

（2）饮水中加入多种维生素、抗生素以补充营养和防止继发感染。

（3）注意防暑和保暖。

【注意事项】 注意与传染性贫血、磺胺类药物中毒、新城疫等病区别。典型传染性法氏囊病根据症状和病理变化很容易确诊，非典型病例则应进行病原分离或血清学试验进行诊断。

图109　鸡传染性法氏囊病

　36日龄雏鸡发病后第3天大批死亡。（王新华）

图110　法氏囊病尖峰式死亡曲线

　法氏囊病的死亡曲线呈尖峰状，死亡高峰在发病后的3～5天（两群鸡的死亡曲线）。（王新华）

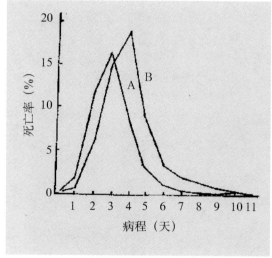

图111　鸡传染性法氏囊病

　病鸡闭目缩颈，拉灰白色稀粪。（王新华）

图112 鸡传染性法氏囊病
胸肌有出血条纹。（王新华）

图113 鸡传染性法氏囊病
腿肌中有出血斑块。（王新华）

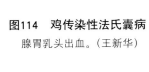

图114 鸡传染性法氏囊病
腺胃乳头出血。（王新华）

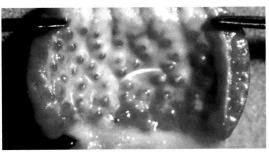

图115 鸡传染性法氏囊病
病鸡肾脏肿大，输尿管内充满尿
酸盐，使肾脏呈花斑状。（王新华）

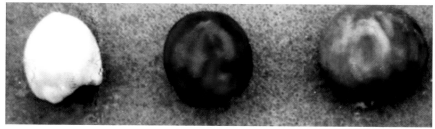

图116　鸡传染性法氏囊病

病鸡法氏囊肿大出血，呈紫红色葡萄状，左侧白色的为正常法氏囊。（王新华）

图117　鸡传染性法氏囊病

法氏囊严重出血、坏死，囊腔中有灰红色糊状物。（逯艳云）

图118　鸡传染性法氏囊病

法氏囊黏膜肿胀，皱褶显著增宽，出血，有灰白色坏死灶。（王新华）

图119　鸡传染性法氏囊病

法氏囊黏膜肿胀，皱褶显著增宽，有出血斑块。（王新华）

图120　鸡传染性法氏囊病

法氏囊严重肿大皱褶肥厚，有轻微出血。（逯艳云）

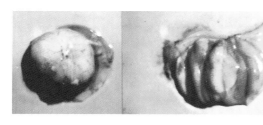

图121　鸡传染性法氏囊病

有些病鸡的法氏囊浆膜水肿，呈柠檬黄色。（王新华）

图122　法氏囊病快速检测

试纸条浸入法氏囊悬液中10分钟后出现两条紫红色线条者为阳性反应。1为检测线，2为对照线。（王新华）

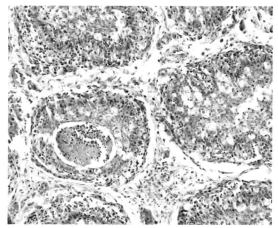

图123　鸡传染性法氏囊病

法氏囊淋巴滤泡坏死，髓质有囊腔形成（HE×400）。（陈怀涛）

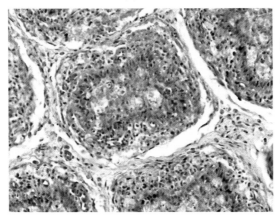

图124 鸡传染性法氏囊病

法氏囊淋巴滤泡髓质与皮质细胞坏死，间质细胞增生（HE×400）。（陈怀涛）

鸡马立克氏病

马立克氏病（MD）是由疱疹病毒 γ-疱疹病毒亚科或 α-疱疹病毒亚科，马立克氏病毒属，马立克氏病病毒（MDV）引起的鸡的一种淋巴组织增生性肿瘤病。其特征为各种内脏器官、肌肉和皮肤肿瘤形成以及外周神经淋巴样细胞浸润引起的肢体麻痹。

【病原】 MDV有3个血清型：所有致病性的MDV都属于血清1型，包括强毒致弱株、中等毒株、强毒株、超强毒株；天然不致病的MDV均为血清2型；火鸡疱疹病毒（HVT）属于血清3型。MDV有两种形式：无囊膜病毒粒子（裸体病毒），58～100纳米，六角形，二十面体对称；有囊膜病毒粒子，直径130～170纳米。所有内脏器官的肿瘤中存在的病毒是裸体病毒，它与细胞紧密结合在一起，与细胞共存亡，当细胞死亡时，其传染性也随之丧失。细胞结合性病毒在外界的存活力很低；在羽毛囊上皮细胞中形成有囊膜的病毒粒子（完全病毒），直径可达273～400纳米。呈不规则无定形结构。负染呈正方体或二十面体，有126个中空壳粒，呈圆柱状，大小为6纳米×9纳米，相邻壳粒中心距离为10纳米。这种有囊膜的非细胞结合病毒，对外界抵抗力很强，在室温下可存活4～8个月，4℃至少保存10年。具有高度感染性，它随脱落的皮屑污染环境，在本病传播方面具有重要作用。常用化学消毒剂10分钟可将病毒灭活。

该病毒接种于4日龄鸡胚卵黄囊，18日龄左右时可在鸡胚绒毛尿囊膜上形成典型的灰白色痘斑。能在鸡胚肾细胞、鸡胚成纤维细胞和鸭胚成纤维细胞上增殖并产生蚀斑。

【临床症状和病理特征】　本病多在幼雏期感染，4～20周龄为发病高峰。潜伏期常为3～4周至几个月不等，母鸡比公鸡易感性高。来航鸡抵抗力较强，肉鸡抵抗力低。病毒不会经蛋垂直传递。

发病率差别很大，一般肉鸡为20%～30%，个别达60%，产蛋鸡为10%～15%，严重者可达50%，死亡率与发病率几乎相当。本病可使病鸡终生带毒。

根据症状可分为神经型（古典型）、急性型（内脏型）、眼型和皮肤型4种，有时可混合发生。

神经型：主要表现为步态不稳、共济失调。特征症状是一肢或两肢麻痹或瘫痪，出现一腿向前伸、一腿向后伸的劈叉姿势，翅膀麻痹下垂。颈部神经麻痹可致使头颈歪斜，嗉囊因麻痹而扩大。

急性型：常见于50～70日龄的鸡，病鸡精神委顿，食欲减退，羽毛松乱，鸡冠苍白、皱缩，有的鸡冠呈黑紫色，黄白色或黄绿色下痢，迅速消瘦，胸骨似刀锋，触诊腹部能摸到硬块。病鸡脱水、昏迷，最后死亡。常侵害幼龄鸡，死亡率高。

眼型：较少见，主要侵害虹膜，单侧或双眼发病，视力减退，甚至失明。可见虹膜增生褪色，呈混浊的淡灰色。瞳孔收缩，边缘不整呈锯齿状。

皮肤型：较少见，往往在禽类加工厂屠宰鸡只时煺毛后才被发现，主要表现为毛囊肿大或皮肤出现结节或较大的肿瘤。最初见于颈部及两翅皮肤，以后遍及全身皮肤。

大体病理变化：

1. 神经型（古典型）　病变常发生于腰荐神经丛、颈部迷走神经、臂神经丛、腹腔神经丛和坐骨神经等。多为一侧神经受侵害，受侵害的神经肿胀变粗，神经纤维横纹消失，呈灰白或黄白色。增粗、水肿，比正常的大2～3倍，有时更大。

2. 急性型（内脏型）　急性型主要表现为多种内脏器官出现肿瘤，肿瘤多呈结节状，为圆形或近似圆形，数量不一，大小不等，略突出于脏器表面，灰白色鱼肉状。常受侵害的脏器有肝脏、脾脏、性腺、肾脏、心脏、肺脏、腺胃、肌胃、肌肉等。有些病例不形成肿瘤结节，而是肝脏、脾脏、肾脏呈弥漫性肿大，比正常大5～6倍，色泽变淡，表面呈粗糙或颗粒性外观。卵巢中的肿瘤结节大小不等，灰白色鱼肉状，有时卵巢被肿瘤组织取代，呈花菜样肿大或脑回状。腺胃肿大呈球状，胃壁明显增厚或薄厚不均，质地坚硬，黏膜出血、坏死，腺胃乳头消失。法氏囊无肉眼可见变化。

3. **皮肤型和眼型**　比较少见，皮肤型主要表现为羽毛囊组织呈肿瘤样增生形成大小不等的肿瘤结节，有时结节溃烂发炎。羽毛囊瘤样增生的部位皮下组织有大小不等的肿瘤结节。

眼型表现为一侧或两侧眼睛虹膜失去正常的橘红色，变得灰白，瞳孔缩小，边缘不整，或失明。

肿瘤组织是由大中小淋巴细胞、成淋巴细胞和马立克氏病细胞组成。

【诊断要点】　通常在幼雏期感染，发病和死亡高峰在2～5月龄；神经型出现肢体麻痹，神经纤维呈弥漫或局灶性肿大；内脏型在各内脏器官形成大小不等的肿瘤结节，肿瘤细胞多为大小不等的淋巴细胞、成淋巴细胞，有时可见马立克氏病细胞；眼型可见一侧瞳孔缩小、边缘不整；皮肤型可见皮肤上有大小不等的肿瘤结节；确诊可用琼脂扩散试验。

【防治措施】　目前，还没有药物可用于本病的治疗，唯一有效的方法是进行免疫接种，用于预防的疫苗有三种，第一种是人工致弱的1型MDV，如荷兰的CVI988，美国的MD_{11}/75/R2，我国的K株（814）；第二种是不致瘤的自然弱毒2型MDV，如美国的SB_1、301B/1和我国的Z_4；第三种是3型MDV，即火鸡疱疹病毒制备的疫苗(HVT)，如目前广泛应用的FC126。FC126是免疫效果最好的一种，疫苗只能防止肿瘤的发生，不能阻止病毒的感染。免疫接种必须在出雏后24小时内进行，使用专用稀释液，稀释后的疫苗应在1～2小时内用完。

必须强化综合防治措施，才能保证免疫接种的成功，因为从接种疫苗到产生保护力至少需要1周时间，所以加强卫生管理，防止雏鸡的早期感染十分重要。

【注意事项】　注意与禽白血病、网状内皮增生症等的鉴别诊断。

图125 鸡马立克氏病
　腿麻痹，出现劈叉姿势。（王新华）

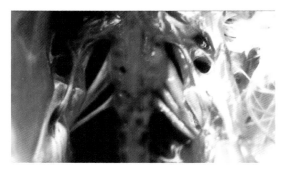

图126 鸡马立克氏病
　病鸡腿麻痹，站立不稳，行走困难。（王新华）

图127 鸡马立克氏病
　一侧腰荐神经肿大。（王新华）

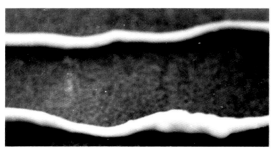

图128 鸡马立克氏病
　颈部迷走神经呈局灶性肿大。（王新华）

图129　鸡马立克氏病

　　卵巢肿大。（王新华）

图130　鸡马立克氏病

　　卵巢肿大，呈脑回状。（王新华）

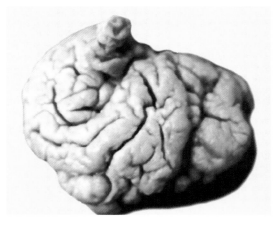

图131　鸡马立克氏病

　　肝脏肿大，满布大小不等的肿瘤结节。（王新华）

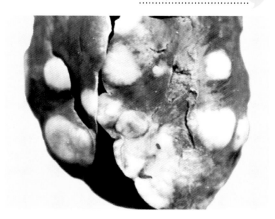

图132　鸡马立克氏病
　肝脏实质中较大的肿瘤结节。
（王新华）

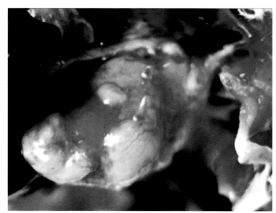

图133　鸡马立克氏病
　心脏上的肿瘤结节。（王新华）

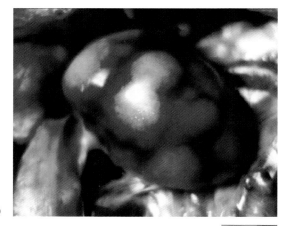

图134　鸡马立克氏病
　脾脏上的肿瘤结节。（王新华）

图135 鸡马立克氏病

  整个脾脏几乎完全被大小不等的肿瘤结节取代。（王新华）

图136 鸡马立克氏病

  图135中脾脏的切面，可见脾脏明显肿胀，切面隆起。脾组织被大量灰白色结节状肿瘤取代。（王新华）

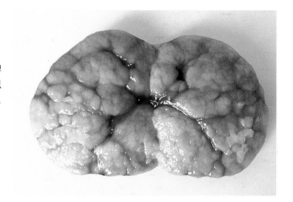

图137 鸡马立克氏病（固定标本）

  脾脏正常组织被密集的中等大小肿瘤结节取代，外观呈大理石样花纹。（王新华）

图138　鸡马立克氏病

肾脏肿大，几乎被肿瘤组织取代。（王新华）

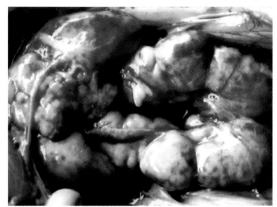

图139　鸡马立克氏病

肺脏的肿瘤结节。（王新华）

图140　鸡马立克氏病

腺胃肿大呈球状。（王新华）

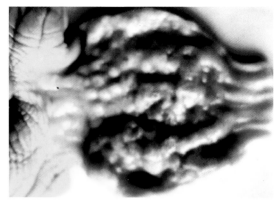

图141 鸡马立克氏病

腺胃黏膜呈结节状。（王新华）

图142 鸡马立克氏病

小肠壁的肿瘤结节。（王新华）

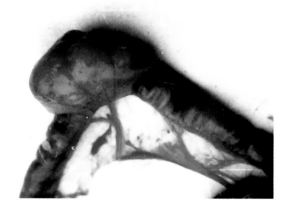

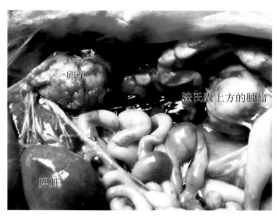

卵巢

法氏囊上方的肿瘤

脾脏

图143 鸡马立克氏病

卵巢被肿瘤组织取代，脾脏弥漫性肿大，法氏囊上方有一巨大的肿瘤。（王新华）

图144　鸡马立克氏病

部分羽毛毛囊显著肿大。（王新华）

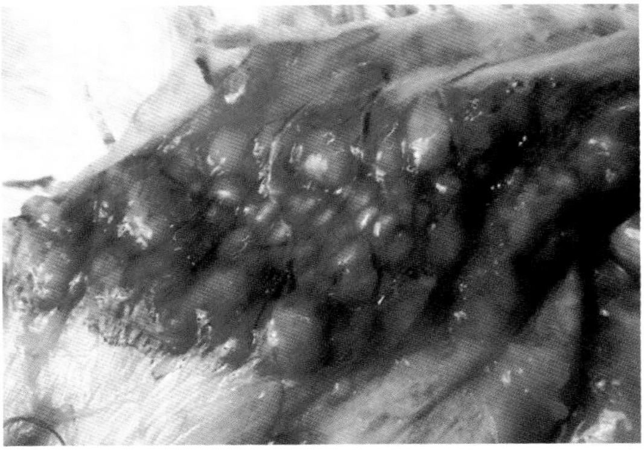

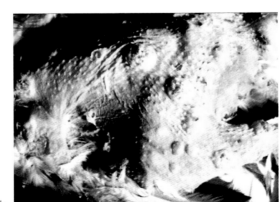

图145　鸡马立克氏病

图144中病鸡的剖开面，可见皮下大量大小不等的肿瘤结节，灰白色，质地细腻。（王新华）

图146　鸡马立克氏病

皮肤型马立克氏病，皮肤上大小不等的肿瘤结节。（王新华）

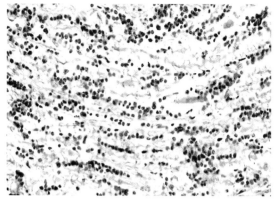

图147　鸡马立克氏病

　　坐骨神经(纵切)中多形态的肿瘤细胞大量浸润，神经纤维大多坏死，仅存少数神经纤维（HE×400）。（陈怀涛）

图148　鸡马立克氏病

　　坐骨神经(纵切)水肿，结构疏松，肿瘤细胞很少（HE×100）。（陈怀涛）

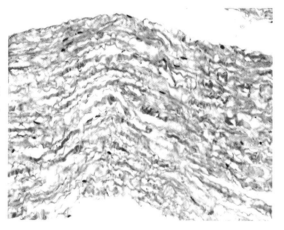

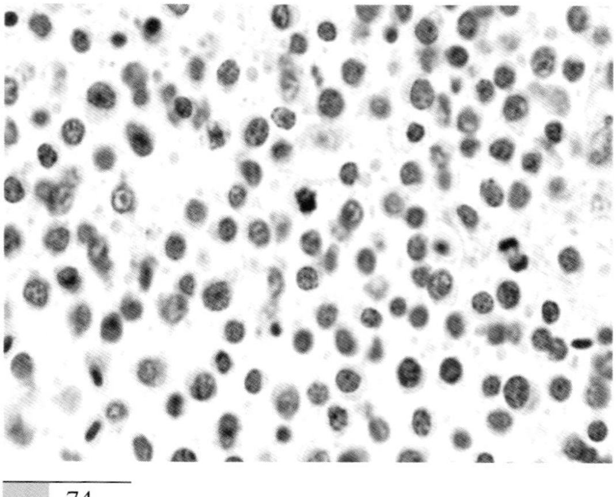

图149　鸡马立克氏病

　　肝脏中多形态的肿瘤细胞，可见核分裂相（HE×1 000）。（陈怀涛）

鸡传染性支气管炎

鸡传染性支气管炎（IB）是由病毒引起的鸡的一种急性、高度接触性呼吸道传染病。

【病原】 本病的病原体属于冠状病毒科，为有囊膜的单股负链RNA病毒。直径80～120纳米。病毒能在10～11日龄鸡胚中复制，可导致鸡胚死亡，使鸡胚发育受阻，造成胚体矮小，尿囊液增多，尿酸盐增多。病毒也能在鸡胚肾、肺、肝细胞培养物上复制引起细胞病变。病毒可在鸡胚气管环培养物上生长，并可导致气管黏膜上皮细胞纤毛生长停滞。传染性支气管炎病毒血清型很多，目前已经鉴定出了26种以上的血清型。如M41.Connecticut、Iowa97、Iowa609、Holte、SE17、澳大利亚T株等。

支气管炎病毒（IBV）不耐高温，但在低温条件下可长期保存。一般消毒剂均能杀死病毒。

【临床症状和病理特征】 该病在各个易感年龄段感染的结果呈现不同特点：雏鸡发病后表现为突然出现呼吸道症状，短时间内波及全群，病雏精神沉郁，不食，畏寒，打喷嚏，鼻孔流出稀薄的鼻液，呼吸困难，张口喘气。将病雏放在耳边仔细听，可听见哔哔啵啵的气管啰音，2～3天后因窒息和饥渴死亡，死亡率可达25%以上。发病后2～3周可导致输卵管发育不全，致使一部分鸡不能产蛋。有些鸡可发生输卵管囊肿，失去产蛋能力。因此，雏鸡阶段发生传染性支气管炎的鸡群始终达不到应有的产蛋高峰。

青年鸡发病后气管炎症明显，出现呼吸困难，因气管内有多量黏液，病鸡不断甩头，发出啰音，但是流鼻液不明显，有些病鸡出现下痢，排出黄白色或黄绿色稀粪，病程7～14天，死亡率较低。

产蛋鸡群发病后呼吸道症状可能不明显，因此常被忽略，多在出现轻微的呼吸道症状后，产蛋量明显下降，一般下降20%～30%，有时可达70%～80%，并出现薄壳蛋、沙皮蛋、畸形蛋等。而且蛋的质量降低，蛋清稀薄如水。病后产蛋率的恢复比较困难，大约1个月后逐渐恢复，但是很难恢复到发病前的水平，对于产蛋后期的鸡群已无饲养价值，应予淘汰。

目前肾病变型传染性支气管炎发病较多，流行广泛，多发生于20～30日龄的青年鸡，40日龄以上发病较少，成年鸡更少。病鸡急剧下痢，拉灰白色水样稀粪，其中混有大量尿酸盐，死亡增加，但呼吸道症状不明显，或呈一过性。死亡率与抗体水平相关。

大体病理变化：雏鸡感染时鼻腔、鼻窦、喉头、气管、支气管内有浆液或黏液，病程长者支气管内有黄白色的干酪样渗出物，有时在气管下端形成黄白色栓子。大支气管周围可见小面积的肺炎，气囊不同程度的浑浊、增厚，如继发大肠杆菌病或霉形体病时气囊则明显浑浊、增厚，囊腔内有数量不等的黄白色干酪样渗出物。

肾病变型毒株感染时，肾脏肿大、苍白，肾小管内充满尿酸盐，致使肾脏外观呈灰白色花纹状。严重的可见在心包腔、心外膜、肝脏表面、肠浆膜乃至肌肉内都有灰白色的尿酸盐沉着。有时肾萎缩，与其相连的输尿管扩张，内含尿酸盐或尿酸盐形成的结石。这种病变与内脏型痛风难以区别。内脏型痛风是一种代谢性疾病，而本病是由病毒引起的，可以用病毒分离的方法进行区分，传染性支气管炎病毒可以在鸡胚内复制，导致鸡胚发育受阻，形成矮小的蜷曲胚。

产蛋病鸡的腹腔中可能有卵黄液。卵泡充血、出血、变形。输卵管短缩，黏膜增厚，管壁呈局部性狭窄和膨大。雏鸡的输卵管发育不全等。

【诊断要点】 本病潜伏期短，一般为18～36小时，有时可长达3～7天。发病迅速，短期内波及全群。病雏呼吸困难、喷鼻、咳嗽、甩头，幼龄鸡死亡率高。产蛋鸡蛋量显著减少，蛋壳褪色、畸形蛋、破蛋增多，蛋清稀薄。气管内有黏液或干酪样栓子，肾脏肿大，肾小管内充满灰白色尿酸盐。根据潜伏期短、发病迅速、呼吸困难和病理变化，可以初步建立诊断，确诊应进行病原分离鉴定或血清学试验。

图150　鸡传染性支气管炎

病毒在鸡胚内复制可使鸡胚发育受阻，鸡胚矮小，右侧为发育正常的鸡胚。（王新华）

图151 鸡传染性支气管炎

病雏张口喘气。(王新华)

图152 鸡传染性支气管炎

肾脏肿大,肾小管和输尿管内充满尿酸盐。(王新华)

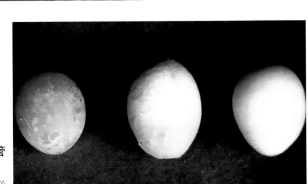

图153 鸡传染性支气管炎

蛋壳褪色,变薄,畸形蛋增多。(王新华)

【防治措施】

1.加强综合防治措施，特别注意寒冷、拥挤、氨气过浓等应激因素的刺激，还要保证多种维生素的用量，不使用磺胺类药物，不使用蛋白质能量比过高的饲料等。

2.及时接种疫苗，本病对幼雏危害严重，一旦感染除造成死亡外，还会损伤生殖系统使输卵管发育受阻，使一部分鸡产蛋量减少乃至不能产蛋，因此要早期接种疫苗。目前，广泛使用的疫苗有两种，H120和H52，前者适用于14日龄以前的雏鸡，用于首免，后者毒性较强用于30日龄以后的鸡。接种后1周左右可产生坚强免疫力。

3.为减轻病情，减少死亡，发病时可应用多种维生素、抗生素防止继发性感染。为减轻肾脏损伤可在饮水中加入0.5%的碳酸氢钠，连用3~5天。

【注意事项】 注意与新城疫、传染性喉气管炎、禽流感、鸡毒支原体感染、痛风等区别。不用对肾脏有害的药物，如磺胺类、氨基糖甙类等。

鸡传染性喉气管炎

鸡传染性喉气管炎（AILT）是由疱疹病毒科、α疱疹病毒亚科的传染性喉气管炎病毒（AILTV）引起鸡的一种急性、高度接触性上呼吸道传染病。本病以呼吸困难、张口喘气、咳出带血分泌物，喉部和气管黏膜肿胀、出血并形成糜烂为主要特征，是危害养禽业的重要呼吸道传染病之一。

【病原】 鸡传染性喉气管炎病毒属疱疹病毒科的Ⅰ（α）型疱疹病毒亚科的病毒。完整的病毒粒子直径195~250纳米。成熟病毒粒子有囊膜，囊膜表面有纤突。未成熟的病毒粒子直径约100纳米。

该病毒能在鸡胚和多种禽类细胞培养物上复制，在鸡胚上复制时可在鸡胚绒毛尿囊膜（CAM）引起坏死和增生性反应，形成不透明的痘斑，绒毛尿囊膜上的痘斑呈灰白色不透明，中央呈凹陷性坏死。在细胞培养物上复制可导致细胞病变，使细胞肿胀，折光性增强，染色质移位和核仁变圆。胞浆融合形成多核巨细胞，胞核内有嗜酸性核内包含体。不同的毒株，在致病性和抗原性方面均有差异，对鸡和鸡胚的致病力不同。

本病毒对乙醚、氯仿等脂溶剂敏感。对外界环境的抵抗力不强，55℃仅能存活10～15分钟，37℃存活22～24分钟，在死亡鸡的气管组织中13～23℃可存活10天。气管黏液中的病毒在黑暗的鸡舍中可存活110天。病毒在干燥的环境中可存活1年以上，低温条件下可长期存活，－60～－20℃条件下可长期保存其毒力。对热敏感，煮沸可立即被杀死。多种化学消毒剂均能在短期内杀死病毒。

【临床症状和病理特征】 潜伏期6～12天，人工经气管内感染时潜伏期较短，一般为2～4天。强毒株感染时发病率和死亡率高，低毒力毒株只引起轻度或隐性感染。严重感染时发病率90%～100%，死亡率5%～70%不等，平均10%～20%。本病典型的症状是出现严重的呼吸困难，病鸡举颈、张口呼吸、咳嗽、甩头，发出高昂的怪叫声。咳嗽甩头时甩出血液或血样黏液，有时可在病鸡的颈部、食槽、笼具上见到甩出的血液或血块。病鸡的眼睛流泪，结膜发炎，鼻孔周围有黏性分泌物。冠、髯暗红或发紫，最后多因极度呼吸困难窒息而死亡。最急性的病例突然死亡，病程一般为10～14天，如无继发感染大约14天恢复。感染毒力较弱的毒株时，病情缓和，症状轻微，发病率和死亡率较低，仅表现为轻微的张口喘气，鼻黏膜和眼结膜轻度发炎。

发病鸡的产蛋量迅速减少，有时可下降35%左右，产蛋量的恢复则需要较长的时间。

本病的主要病理变化表现在喉头和气管，病初喉头和气管黏膜充血、肿胀、有黏液附着，继而黏膜变性、坏死、出血，致使喉头和气管内含有血性黏液或血凝块，病程较长时喉头和气管内附有假膜。有些病鸡发生结膜炎、鼻炎和鼻窦炎，面部肿胀，眼睛流泪，鼻孔部附有褐色污垢。卵泡充血、出血、坏死。其他内脏器官病变不明显。

【诊断要点】 病鸡举颈张口呼吸，甩头咳嗽，发出高昂的怪叫声，有湿性啰音。甩头时常甩出血液或血块，颈部两侧沾有血液，有时可将血液或血块甩到笼具或墙壁上。剖检可见喉头和气管内有血液或血块以及黏液或假膜。病毒接种鸡胚可在绒毛尿囊膜上形成豆斑。

【防治措施】

1.加强卫生管理，防止疫病传入。

2.疫苗接种。在本病流行地区可考虑接种疫苗，没有本病的地区一般不要接种疫苗。传染性喉气管炎疫苗毒性较强，接种后3～4天可能会有一部分鸡发病，反应率约5%。

3.发病时可用利巴韦林饮水，每只成年鸡10～20毫克，1天1次，连用3～5天。牛黄解毒丸、六神丸、喉症丸等也有一定效果。同时要用抗生素防止继发性细菌感染。

【注意事项】 注意和鸡痘、支气管炎、鸡毒支原体感染相区别。

图154 鸡传染性喉气管炎

病鸡伸颈张口喘气，发出高昂的怪叫声。（王新华）

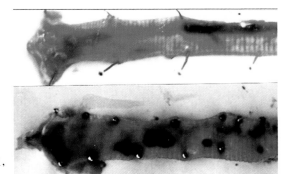

图155 鸡传染性喉气管炎

喉头和气管黏膜充血、出血、内有血液和血凝块。（王新华）

图156 鸡传染性喉气管炎

后期气管黏膜脱落形成管状物。（王新华）

图157 笼具上黏附的血块

病鸡甩出的血凝块黏附在鸡笼上。（王新华）

图158 鸡传染性喉气管炎

黏膜表面有大量脱落的合胞体细胞，成大块状，黏膜层有大量淋巴细胞浸润（HE×400）。（B.W.卡尔尼克，《禽病学》，高福、苏敬良译，1999年）

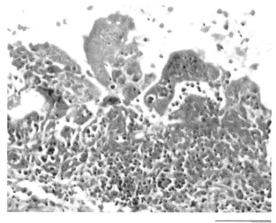

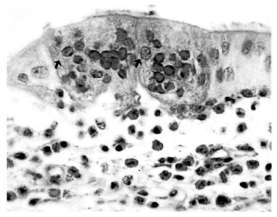

图159　鸡传染性喉气管炎
气管黏膜上皮细胞形成合胞体
（HE×400）。（刘思当）

禽 脑 脊 髓 炎

　　禽脑脊髓炎（AE）是由小RNA病毒科肠道病毒属的禽脑脊髓炎病毒引起的雏禽的一种传染病。

　　【病原】　禽脑脊髓炎病毒（AEV）是小RNA病毒科肠道病毒属的禽脑脊髓炎病毒。病毒粒子具有六边形轮廓，无囊膜，直径为24～32纳米。只有一个血清型，本病毒的毒株可以分为嗜肠道性和嗜神经性病毒两大类。

　　AEV对氯仿、乙醚、酸、胰蛋白酶、胃蛋白酶、DNA酶及去氧胆酸盐有抵抗力。在氯化铯中的浮密度为1.31～1.33克/厘米^3，沉降系数为160 S，1摩尔/升 $MgCl_2$ 对病毒在50℃具有明显的稳定作用，在3～4℃下36天仍有感染性，37℃下1天半数病毒死亡，1周以上完全失活。

　　【临床症状和病理特征】　本病经胚胎感染，潜伏期为1～7天。经口感染，潜伏期至少11天，最长达44天，典型的症状最多见于7～14日龄雏鸡，偶见于1月龄的鸡。雏鸡感染发病初期，患鸡精神沉郁，反应迟钝，随后部分患鸡陆续出现共济失调，不愿走动，或步态不稳，直至不能站立，以两侧跗关节着地，双翅张开卧地，勉强拍动翅膀辅助前行，甚至完全瘫痪。部分患雏头颈部肌肉震颤，尤其给予刺激时,震颤加剧。头颈震颤有时不易察觉,可用手握头颈检查。患鸡在发病过程仍有食欲,但常因瘫痪而不能采食和饮水衰竭死亡,或被同类践踏致死,病程为5～7天。青年鸡感染时,少数鸡只发病,患鸡表现呆立、腿软,甚至出现中枢神经紊乱症状,偏头伸长颈,向前直线行走或倒退,或突然无故将头向左、右扭转等。个别患鸡可能发生一侧或双侧性晶状体浑浊,甚至失明。成年种鸡感染无明显症状,主要表现为一过性产蛋下降,一般产蛋率可下降10%～20%,约14天后恢复正常。所产种蛋的孵化率下降,胚胎多数在19日龄前后死亡。母鸡还可能产小蛋,但蛋的性状、颜色、内容物无明显变化。

部分病例脑组织柔软,或有不同程度的充血、水肿,个别病例在大脑、中脑或小脑脑膜下有点状出血。生前发生瘫痪或麻痹的病鸡,可见消瘦,腿部骨骼异常,肌肉萎缩,脚爪弯曲。16日龄鸡胚经卵黄囊攻毒后,鸡胚发育受阻,体长、体重变小,脑组织水肿、柔软明显。

脑膜下有出血点,神经细胞变性,中央染色质溶解,胶质细胞结节和血管套形成。

【诊断要点】 发病日龄多在2～3周龄,病鸡步态不稳,不愿走动,共济失调,头颈震颤。病变主要表现为脑膜出血。应用病毒分离与鉴定、中和试验、免疫荧光技术、琼脂扩散试验、ELISA等方法可以确诊。

【防治措施】

图160　禽脑脊髓炎
病鸡步态不稳,共济失调,常倒向一侧,头颈震颤。(王新华)

图161 禽脑脊髓炎

病鸡小脑脑膜出血。（王新华）

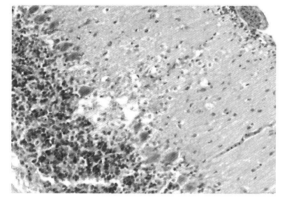

图162 禽脑脊髓炎

小脑节细胞层软化灶（HE×200）。（赵振华）

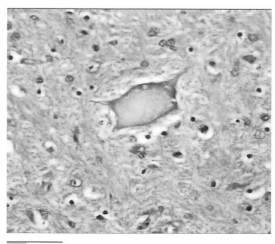

图163 禽脑脊髓炎

神经细胞肿大，变性，核溶解消失（HE×400）。（胡薛英）

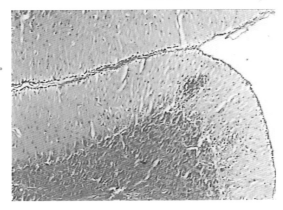

图164　禽脑脊髓炎
　　小脑胶质细胞结节（HE×100）。
（胡薛英）

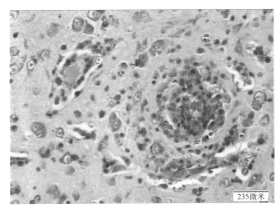

图165　禽脑脊髓炎
　　大脑毛细血管围管性细胞浸润
（HE×400）。（胡薛英）

　　1.本病目前尚无特异疗法。发病鸡群全群注射抗AE高免卵黄，并给予抗生素防止继发感染，增加维生素E、维生素B$_1$、谷维素等，保护神经和改善症状。

　　2.发病种鸡感染后1个月内的种蛋不宜用于孵化，防止经蛋传播。

　　3.用于预防本病的疫苗有弱毒苗和灭活苗，由于弱毒苗容易散毒，用于10周龄以上，开产前4周的种鸡。灭活苗安全、可靠，不散毒，用于18～20周龄种鸡或产蛋鸡群的紧急免疫接种。

　　【注意事项】　注意与鸡新城疫、鸡马立克氏病、维生素E和硒缺乏症、药物中毒（莫能霉素中毒、红霉素中毒、氯霉素中毒、支原净中毒）等区别。

禽　痘

　　禽痘（AP）是由禽痘病毒引起的禽类的一种急性、高度接触性传染病。其特征是在无毛和少毛的皮肤上发生痘疹（皮肤型），或在口腔、咽喉、喉头、气管等部黏膜上形成痘斑或纤维性坏死性假膜（黏膜型）。有时皮肤和黏膜均被侵害（混合型）。偶见败血型。一般情况下呈良性经过，但可引起生长缓慢、产蛋减少。

　　【病原】　禽痘病毒属于痘病毒科，禽痘病毒属。禽痘病毒是指以鸟类为宿主的痘病毒的总称，禽痘病毒包括鸡、火鸡、金丝雀、鹌鹑、麻鸡、鸽子等痘病毒。一般情况下每种痘病毒都有专一的宿主，通过人工接种也可以感染异种宿主，但是致病性不同，因此初次分离时最好用本动物。

　　痘病毒的形态基本一致，其大小为（300～400）纳米×（170～260）纳米，是所有病毒中体积最大的病毒。在病变的上皮细胞和感染鸡胚绒毛膜细胞的胞浆中，可见到一种卵圆形或圆形的包含体，叫做Bollinger氏小体，此包含体内含更小的颗粒，称为原质小体，或叫Borrel小体。每个原质小体都具有致病性，原质小体可被特异性抗鸡痘病毒血清凝集，每个包含体至少含有20 000个原质小体。

　　鸡痘病毒可在10～12日龄鸡胚绒毛膜尿囊膜上复制，导致绒毛尿囊膜产生病变，接种6天后在绒毛尿囊膜上形成局灶性或弥漫性、灰白色、致密、坚实隆起的痘斑，其中心坏死。

　　不同种禽痘病毒之间有一定的交叉保护性，如鸽痘病毒与鸡痘病毒抗原性十分相似，鸽痘病毒对鸡的致病性很低，但具有很强的免疫原性，因此可将鸽痘病毒制成疫苗用于预防鸡痘。

　　痘病毒大量存在于病禽的皮肤、黏膜的病灶中。痘病毒对环境抵抗力很强，在病鸡干燥的皮屑和痘痂中可存活数月，阳光照射数周仍可存活，60℃加热1.5小时才能杀死。－15℃下保存多年仍有致病性。1%的氢氧化钠溶液、1%的醋酸5～10分钟可杀死，甲醛熏蒸1.5小时可以杀死。

　　【临床症状和病理特征】　本病一般呈良性经过，如发生继发感染，如继发或并发传染性鼻炎、传染性喉气管炎、慢性呼吸道疾病时可造成大批死亡。

禽痘可分为皮肤型、黏膜型和混合型，偶见败血型。

1. **皮肤型禽痘**　主要是在禽体的无毛和少毛部位，特别是鸡冠、肉髯、眼睑和喙角，翅下、趾部等处发生痘疹。起初呈灰白色麸皮样，以后迅速增大突起形成灰黄色绿豆大或更大的结节，质地坚硬表面干燥，内含黄色油脂样物。再后结节溃烂，表面被覆褐色痂，有时结节互相融合形成大块痂皮。大约20天痂皮脱落而痊愈。皮肤型禽痘一般呈良性经过，但在发痘期间精神沉郁，食欲不振，生长缓慢，产蛋量明显减少，如继发感染时可造成死亡。

2. **黏膜型禽痘**　主要在眼结膜、鼻黏膜、口腔黏膜、食管黏膜、喉头、气管等处发生痘斑，病鸡眼睑、鼻部、眶下窦肿胀，鼻腔和眼结膜发炎，流出黄白色脓样黏液。口腔和喉头发生纤维素性炎症，形成很厚的灰白色痂膜，俗称鸡白喉，此型病鸡多窒息而死亡。有时可见喉头或气管黏膜上形成灰白色不规则隆起的痘斑。鸽痘时，喉头和食管黏膜上有多量大小不等呈梅花样痘斑。

3. **混合型禽痘**　皮肤和黏膜同时发生病变，病情严重，死亡率高。

4. **败血型禽痘**　此型少见，一旦发生，先出现严重的全身症状，继而发生肠炎。有的病禽迅速死亡，有的耐过转为慢性腹泻而死亡。

病理变化主要表现为：皮肤型禽痘在鸡冠、肉髯、趾部和贫毛部位形成痘疹，黏膜型禽痘可在口腔、喉头、食管、气管等部位形成痘斑。内脏器官一般没有变化。

【诊断要点】　根据冠、肉髯、趾部和贫毛部位、口腔、喉头、食管、气管等部位有痘疹形成的特点，很容易确诊。

图166　禽　痘
　病初在鸡冠、肉髯处有灰白色糠麸样物。（王新华）

图167 禽 痘

鸡痘进一步发展，形成大小不等隆起的痘疹，中心坏死。（王新华）

图168 禽 痘

鸡痘后期痘疹坏死、结痂。（王新华）

图169 禽 痘

喉裂边沿增生，喉头被黄白色干酪样渗出物阻塞，上腭前端有一灰白色增生结节。（王新华）

图170　禽　痘

　　病鸡眼睑肿胀，结膜囊内有大量黄白色干酪样渗出物。（王新华）

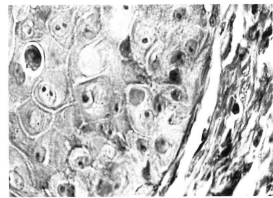

图171　禽　痘

　　病变部上皮细胞中的包含体（HE×400）。（陈怀涛）

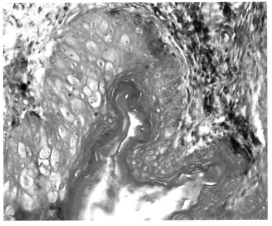

图172　禽　痘

　　皮肤上皮组织高度增生，上皮细胞明显空泡变性，真皮层炎性细胞浸润(HE×400)。（陈怀涛）

【防治措施】

1.加强卫生管理，消灭吸血昆虫。

2.接种疫苗。在蚊蝇滋生季节到来之前接种疫苗可以很好预防鸡痘的发生，痘病毒是嗜上皮病毒，因此接种时应刺种，肌内注射效果不好，刺种后4～6天应检查接种部位有无肿胀、水疱、结痂等反应，抽检的鸡只80%以上有反应，表明接种成功，如无反应或反应率低，应再次接种。

3.治疗。鸡痘一般为良性经过，可以不加治疗，如发病较多而且严重可以用利巴韦林饮水，能很快控制，如有继发细菌感染应使用抗生素治疗。

【注意事项】 本病应与传染性喉气管炎、白念珠菌病、毛滴虫病、维生素A缺乏症、啄癖及外伤相区别。

鸡病毒性关节炎

鸡病毒性关节炎（AVA）是由呼肠孤病毒引起的鸡的一种重要传染病。病毒主要侵害关节滑膜、肌腱和心肌，导致关节炎、腱鞘炎、肌腱断裂等。

【病原】 该病的病原禽呼肠孤病毒，属于呼肠孤病毒科呼肠孤病毒属。为双股分节段的RNA病毒，无囊膜，呈正二十面体对称，有双层衣壳结构，病毒粒子呈六角形，完整病毒粒子直径约75纳米。由于缺乏对多种动物红细胞的凝集性而有别于其他动物的呼肠孤病毒。对热有抵抗力，能耐受60℃8～10小时、80℃1小时，对H_2O_2、强酸、2%来苏儿、3%福尔马林等均有抵抗力。用70%乙醇和0.5%有机碘或2%～3%的NaOH可将其灭活。病毒在较低温度下存活时间较长，4℃可存活3年，－20℃则可存活4年以上。病毒能在鸡胚中培养，其中，以卵黄囊和绒毛尿囊膜接种效果较佳，经尿囊腔接种效果次之。病毒也可在禽原代细胞培养物中增殖，包括鸡胚成纤维细胞以及肝、肺、肾、睾丸细胞，其中以鸡肾细胞应用较多。

【临床症状和病理特征】 大部分鸡感染后呈隐性经过，平时观察不到关节炎的症状，但屠宰时约有5%的鸡可见趾曲肌腱、腓肠肌腱肿胀。鸡群平均增重缓慢，饲料转化率低。色素沉着不佳，羽毛异常，骨骼异常，腹泻时粪便中含有未消化的饲料。种鸡或蛋鸡受到感染时，产蛋量可下降10%～15%，受精率也下降。急性病例多表现为精神不振，全身发绀和脱水，鸡冠呈紫色，如病情继续发展则变成深暗色，直至死亡，关节症状不显著。临床上多数病例表现为关节炎型，病鸡跛行，胫关节和趾关节（有时包括翅膀的肘关节）以及肌腱发炎肿胀。病鸡食欲和活动能力减退，行走时步态不稳，严重时单脚跳，单侧或双侧跗关节肿胀，可见腓肠肌断裂。

　　病理变化主要表现在患肢的跗关节，关节周围肿胀，可见关节上部腓肠肌腱水肿，关节腔内含有棕黄色或棕色血染的分泌物，若混合细菌感染，可见脓样渗出物。青年鸡或成年鸡易发生腓肠肌腱断裂，局部组织可见到明显的出血性浸润。慢性经过的病例（主要是成鸡）腓肠肌腱增厚、硬化并与周围组织愈着、纤维化，肌腱不完全断裂和周围组织粘连，关节腔有脓样或干酪样渗出物。

　　【诊断要点】　肉鸡发病率较高，多发生于4～7周龄，蛋鸡发病率较低，多发于140～300日龄。病鸡步态不稳，不能站立，两腿趾爪屈曲。腓肠肌腱坏死、断裂。根据症状和病理变化容易确诊。

　　【防治措施】
　　1.加强饲养管理，注意鸡舍、环境卫生。从未发生过该病的鸡场引种。
　　2.坚持执行严格的检疫制度，淘汰病鸡。
　　3.易感鸡群可采用疫苗接种。8～12日龄首免，接种弱毒疫苗，皮下注射或饮水；种鸡8～14周龄二免，开产前再注射一次灭活油乳苗。本病没有药物治疗。
　　【注意事项】　注意与维生素E－硒缺乏症、维生素B族缺乏症、锰缺乏症等区别。

图173　鸡病毒性关节炎
　病鸡不能站立，趾爪蜷曲。
（王新华）

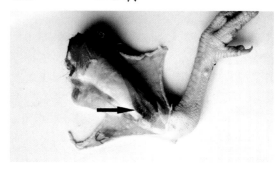

图174　鸡病毒性关节炎

切开皮肤可见腓肠肌腱出血。（王新华）

图175　鸡病毒性关节炎

腓肠肌腱坏死、断裂。（王新华）

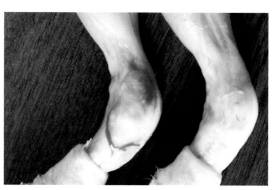

图176　鸡病毒性关节炎

10日龄肉仔鸡一侧跗关节处组织充血、出血。（王新华）

鸡产蛋下降综合征

鸡产蛋下降综合征（DES-76）是由腺病毒引起的能使产蛋量显著

减少的一种病毒性疾病。

【病原】 鸡产蛋下降综合征病毒是腺病毒科、禽腺病毒属Ⅲ群的成员。病毒粒子大小为76～80纳米，呈正二十面体对称，是无囊膜的双股DNA病毒，衣壳的结构、壳粒的数目等均具有典型腺病毒的特征。本病毒对乙醚不敏感，pH耐受范围广（如pH3～10时不死）。加热至56℃可存活3小时，60℃经30分钟丧失致病性，70℃经20分钟完全灭活，室温条件下，至少可存活6个月以上。0.1%甲醛48小时、0.3%甲醛4小时可使病毒灭活。

本病毒能凝集鸡、鸭、鹅、鸽等禽类的红细胞，这种特性可被用于血凝抑制（HI）试验，以检测病鸡的特异性抗体。本病毒不凝集哺乳动物（家兔、绵羊、马、猪、牛）的红细胞。这与其他腺病毒不同。目前，世界各地所分离到的EDS-76病毒只有1个血清型。

EDS-76病毒能在鸭胚和鹅胚中增殖，也能在鸭肾细胞、鸭胚成纤维细胞、鸭胚肝细胞、鸡胚肝细胞、鸡肾细胞和鹅胚成纤维细胞培养物上良好生长。EDS-76病毒接种7～12日龄鸭胚能良好地繁殖，并使鸭胚致死，尿囊液具有很高的血凝滴度（可达18～20log2），而接种鸡胚的卵黄囊，可使胚体萎缩，出壳率降低或延缓出壳，尿囊液病毒的HA滴度较低。

【临床症状和病理特征】 鸡产蛋下降综合征主要发生于24～26周龄的产蛋鸡。尽管本病可以水平传播，但垂直传播是主要的传播途径。虽然雏鸡已被感染，但却不表现任何临床症状，血清抗体也为阴性，但在开产前血清抗体转阳，并在产蛋高峰表现明显。这可能是由于激素和应激因素的作用，使病毒活化。在进入产蛋高峰期前后出现产蛋量突然下降，可使产蛋量下降20%～30%，甚至50%；产薄壳蛋、软壳蛋、沙皮蛋、畸形蛋等；褐壳蛋表面粗糙、褪色，呈灰白、灰黄色；蛋清变稀，蛋黄变淡，蛋清中可能混有血液等异物；种蛋孵化率降低，弱雏增多；减蛋持续4～10周可能恢复正常，对鸡生长无明显影响。

患病鸡群一般不表现大体病理变化，有时可见卵巢静止不发育和输卵管萎缩，少数病例可见子宫黏膜水肿，子宫腔内有灰白色渗出物或干酪样物，卵泡有变性和出血现象。

病理组织学变化主要为输卵管和子宫黏膜明显水肿，腺体萎缩，并有淋巴细胞、浆细胞和异嗜性粒细胞浸润，在血管周围形成管套现象。上皮细胞变性、坏死，在上皮细胞中可见嗜伊红的核内包含体。子宫腔内渗出物中混有大量变性、坏死的上皮细胞和异嗜性粒细胞。少数病例可见卵巢间质中有淋巴细胞浸润，淋巴滤泡数量增多，体积增大。脾脏红、白髓不同程度增生。

【诊断要点】　本病主要发生于24～30周龄产蛋高峰期，产蛋率下降30%～40%。除产软壳蛋，蛋壳褪色，无壳蛋、畸形蛋外，病鸡精神食欲无异常变化，大约1个月可逐渐恢复正常，但不可能恢复到发病前的情况。确诊必须进行病原分离和血清学试验。

【防治措施】

1.**防止经种蛋传播**　由于本病是垂直传播的，所以应对种鸡群采取净化措施，防止经蛋传播。

2.**免疫预防**　国内已研制出EDS-76油乳剂灭活苗、鸡减蛋症蜂胶苗等，于鸡群开产前2～4周注射0.5毫升，由于本病毒的免疫原性较好，对预防本病的发生具有良好的效果，可保护一个产蛋周期。

3.本病目前尚无有效治疗方法。使用多种维生素和增蛋药，可能有助于产蛋量的恢复。

【注意事项】　注意和新城疫、禽流感、传染性支气管炎等疾病区别。

图177　鸡产蛋下降综合征

病鸡产蛋减少，蛋壳变薄，褪色，破蛋和畸形蛋增多。（刘晨等，《实用禽病图谱》，1992年）

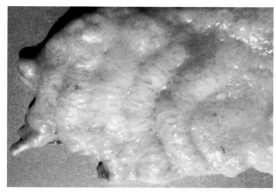

图178　鸡产蛋下降综合征

病鸡输卵管子宫部水肿。（杜元钊等,《禽病诊断与防治图谱》, 2005年）

图179　鸡产蛋下降综合征

病鸡输卵管子宫部水肿。（杜元钊等,《禽病诊断与防治图谱》, 2005年）

鸡传染性贫血

鸡传染性贫血（CIA）是由鸡传染性贫血病毒（CIAV）引起的雏鸡以再生障碍性贫血和全身淋巴组织萎缩为特征的传染病。该病是一种免疫抑制性疾病, 经常混合、继发和加重病毒、细菌和真菌性感染, 危害很大。

【病原】 CIAV是一种无囊膜的小病毒, 呈球形或二十面体（有人认为是六面体）, 直径为18 ～ 22纳米, 可通过25纳米滤膜。自该病毒被分离以来, 分类属性一直未能定论。1995年国际病毒分类委员会第六次病毒分类报告确定了一个新的病毒科（圆环DNA病毒科）。该病毒科现包括三个病毒，即猪圆环DNA病毒、鹦鹉啄羽病病毒及鸡传染性贫血病毒，并且CIAV成为圆环DNA病毒科的代表病毒。

CIAV能在鸡胚中增殖，最为适宜的是5日龄鸡胚，接种后14天毒价最高。对鸡胚不呈现致病变作用。CIAV不能在各种鸡胚源或鸡源细胞培养物上增殖，却可以在MDV转化的淋巴肿瘤细胞系上良好地生长和增殖。CIAV在病鸡组织及培养细胞的核内复制，可检出核内抗原，但不形成包含体。到目前为止，所有被鉴定的CIAV均属于同一个血清型和病理型。CIAV的靶器官是淋巴器官和造血器官，包括胸腺、脾脏、骨髓、法氏囊和全身淋巴结。靶细胞是T淋巴母细胞、骨髓成血细胞和网状细胞以及胸腺皮质细胞。CIAV在感染细胞内复制很慢，不像其他病毒那样造成细胞裂解。致病性在于通过CIAV编码产生的细胞凋亡因子造成的程序性死亡，主要是造血和淋巴细胞的程序性死亡，从而引起鸡贫血、出血和免疫抑制。

该病毒相当稳定，耐热，耐酸，抗氯仿、乙醚，70℃下1小时或80℃下5分钟仍具感染力。在37℃、5%常用消毒剂如季铵盐化合物、碳酸氢钠等作用2小时不被灭活。但100℃加热15分钟则完全丧失感染力。50%酚作用5分钟即可失活。

【临床症状和病理特征】 1～7日龄雏鸡最敏感，6周龄内均可发病，6周龄以上多呈亚临床感染，但成年鸡仍具易感性。CIA流行病学的主要特点是：既可以经蛋垂直传播，在母源抗体不足时也可发生水平传染，以经蛋传播为主要方式。

本病其特征性症状是严重的免疫抑制和贫血，其他可见发育不全，精神不振，皮肤苍白，软弱无力，死亡率增加等。死亡高峰发生在出现临床症状后的5～6天，其后逐渐下降，5～6天恢复正常。有的可能有腹泻，全身性出血或头颈皮下出血、水肿。血液稀薄如水，血凝时间长，血液颜色变浅，血细胞比容值下降，红细胞、白细胞数显著减少。采用1日龄SPF雏鸡接种感染CIAV后发生贫血症状，测定红细胞压积值，病鸡血液的血细胞压积值（HCT）明显降低，各种血细胞数量明显减少，发病严重情况下HCT值可降到10%以下，红细胞数可降到200万个/毫升以下，白细胞数低于5000个/毫升。实验室内常将HCT作为CIA的一个诊断指标，一般将HCT低于27%判为发病。

病理变化为感染本病的鸡消瘦、贫血、冠髯、喙和脚趾苍白，肌肉和内脏器官苍白，皮下、肌肉间出血。有时可见腺胃黏膜出血、食管黏膜下出血。血液稀薄，红细胞、白细胞和血小板均减少，凝血时间延长。脾脏萎缩，胸腺萎缩、出血，法氏囊萎缩，体积缩小，外观呈半透明状。肾脏肿大苍白。骨髓萎缩，红骨髓减少，黄骨髓增多。

病理组织学变化表现为再生障碍性贫血和全身淋巴组织萎缩。骨髓发育不全或萎缩，窦内成熟红细胞显著减少，并充满成红细胞，窦外散在吞噬了变性红细胞的巨噬细胞，造血细胞完全被脂肪细胞或增生的基质细胞所代替，后期可见网状细胞增生。股骨骨髓萎缩，红骨髓萎缩，被大量脂肪组织取代。胸腺、法氏囊、脾脏、盲肠扁桃体和许多其他组织内淋巴样细胞大量坏死、消失，并被增生的网状细胞和纤维细胞所取代。脾红髓中血细胞成分减少，髓鞘中网状细胞增大。肝细胞和肝窦内皮细胞肿大、变性，间质水肿。

【诊断要点】 本病只感染鸡，多见于5周龄以内的雏鸡，病鸡精神沉郁，羽毛松乱，行动迟缓，喙、鸡冠、肉髯、面部、皮肤和可视黏膜苍白，生长不良、体重下降。根据症状和病理变化可以初步作出诊断。确诊必须进行病原分离和血清学检验。

【防治措施】

1.本病目前尚无治疗方法，通常使用广谱抗生素控制相关的细菌性继发感染。

2.加强卫生管理，严格消毒，防止由于环境因素以及其他传染病导致免疫抑制。

3.目前国内尚无疫苗。

【注意事项】 注意与包涵体肝炎、鸡卡氏住白细胞虫病、磺胺中毒病、氯霉素中毒病、传染性法氏囊病等区别。

图180 鸡传染性贫血

病雏鸡冠苍白、贫血。（逯艳云）

图181　鸡传染性贫血

胸肌出血。（逯艳云）

图182　鸡传染性贫血

腿肌严重出血。（逯艳云）

图183　鸡传染性贫血

食管黏膜下出血，从黏膜面可见出血部位成淡蓝色。（逯艳云）

图184 鸡传染性贫血

心肌弥漫性出血斑块。（逯艳云）

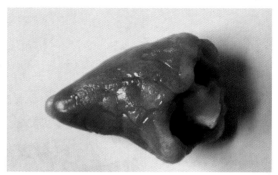

图185 鸡传染性贫血

肾脏肿大，苍白。（逯艳云）

图186 鸡传染性贫血

骨髓萎缩，变淡，上方为正常骨髓。（王新华）

图187 鸡传染性贫血

胸腺显著萎缩、出血，上方为正常胸腺。（王新华）

图188　鸡传染性贫血
　　病鸡股骨红骨髓萎缩，绝大部分被脂肪细胞取代（HE×200）。（王新华）

图189　鸡传染性贫血
　　法氏囊淋巴滤泡中淋巴细胞萎缩、消失（HE×200）。（王新华）

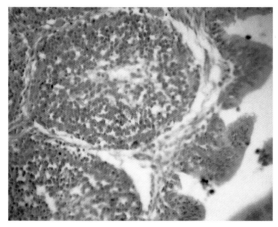

鸡包涵体肝炎

　　鸡包涵体肝炎(IBH)是禽腺病毒Ⅰ群感染引起的鸡的一种急性传染病。主要发生于肉仔鸡，也可见于青年母鸡和产蛋鸡。

　　【病原】　鸡包涵体肝炎病毒属于腺病毒科Ⅰ群病毒，其粒子直径为50～100纳米，呈二十面体对称，无囊膜，内为线状的双股DNA与核蛋白构成的核芯，其直径为40～50纳米。迄今证明至少有9～11个血清型，各血清型的病毒粒子均能侵害肝脏。

该病毒对热有抵抗力，56℃2小时或60℃40分钟不能致死病毒，有的毒株70℃30分钟仍可存活。对紫外线、阳光及一般消毒药品均有一定抵抗力。对乙醚、氯仿、胰蛋白酶、75%乙醇有抵抗力。可耐受pH3～9，能被1/1 000的甲醛灭活。

个别血清型毒株能凝集大鼠红细胞，血凝最适pH为6～9，温度为20～40℃。多数血清型毒株都无血凝性。病毒分离可用鸡肾、鸡胚肝细胞、鸡胚成纤维细胞。病毒在鸡肾细胞上形成蚀斑。但不能在火鸡、兔、牛和人胚胎细胞中增殖。

【临床症状和病理特征】 自然感染的鸡潜伏期1～2天，1日龄雏鸡感染时呈现严重的贫血症状。不满5周龄的鸡感染时，一般到8周龄时即可完全痊愈。发病率可高达100%，而死亡率为2%～10%，如果有其他传染源感染时，如传染性支气管炎、慢性呼吸道病、大肠杆菌病、沙门氏菌病等，可使死亡率增加，有时可达30%～40%。初期不见任何症状而死亡，2～3天后少数病鸡精神沉郁、嗜睡、肉髯褪色、皮肤呈黄色，皮下有出血，偶尔有水样稀粪，3～5天达死亡高峰，持续3～5天后，逐渐停止。在种鸡群或成年鸡群中往往不能察觉其临床症状，主要表现隐性感染，产蛋下降，种蛋孵化率低，雏鸡死亡率增高。

病理学检验可见病鸡肝脏肿大，呈土黄色，质脆，有出血斑点。肾脏、脾脏肿大，肾高度肿胀，呈灰白色。有些病例可见股骨骨髓色淡呈桃红色。胸肌和腿肌苍白并有出血斑点，皮下组织、脂肪组织和肠浆膜、黏膜可见明显出血斑点。此外，还常见法氏囊萎缩，胸腺水肿。

病理组织学检验，特征性的组织学变化是肝细胞内出现核内包含体，常见的是呈圆型均质红染的嗜酸性包含体，与核膜间有一透明环，少数病例可见到嗜碱性包含体，其肝细胞核比正常大2～3倍。肝组织结构完全破坏，肝细胞严重空泡变性、坏死。间质中见大量红细胞。胆管上皮细胞显著增生，形成条索状的伪胆管，在汇管区，淋巴细胞呈局灶性增生。在人工感染病例中还可见脾脏白髓内淋巴细胞散在性坏死，鞘动脉周围网状细胞显著增生。法氏囊和胸腺中淋巴细胞坏死、减少。红骨髓减少，脂肪组织增多。肾小管上皮细胞空泡样变性，并见大量坏死。脑水肿，神经细胞变性。

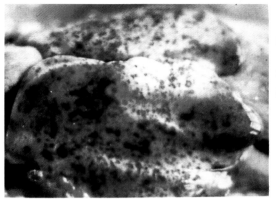

图190　鸡包涵体肝炎

　　肝脏肿大，色淡，有大量大小不等出血斑点。（杜元钊等，《鸡病诊断与防治图谱》，1998年）

图191　鸡包涵体肝炎

　　病鸡肝脏色泽变淡，并有出血斑点。（杜元钊等，《鸡病诊断与防治图谱》，1998年）

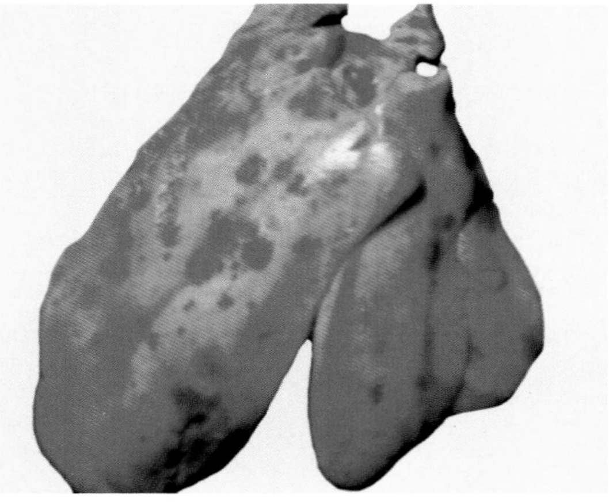

图192　鸡包涵体肝炎

　　病鸡肝脏色泽灰黄，并有出血斑点。（杜元钊等，《鸡病诊断与防治图谱》，1998年）

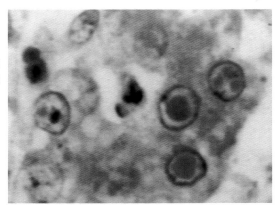

图193　鸡包涵体肝炎

肝细胞的核内包含体。(范国雄,《动物疾病诊断图谱》,1995年)

【诊断要点】　多发生于5～7周龄的肉仔鸡,病鸡精神沉郁,下痢、贫血,多数急性死亡。根据症状和病理变化可以初步诊断,确诊必须进行病原分离和血清学试验。

【防治措施】

1.目前尚无疫苗,也无可用药。

2.对传染性法氏囊病和传染性贫血的免疫可减少或控制本病。

【注意事项】　注意与弯曲杆菌性肝炎、法氏囊病区别。

禽 白 血 病

禽白血病是由禽白血病/肉瘤病毒群中的病毒引起的禽类多种肿瘤性疾病的统称,主要有淋巴白血病,其次是成红细胞白血病、成髓细胞白血病,骨髓细胞瘤(J亚型白血病)、肾母细胞瘤、骨石病、血管瘤、肉瘤和内皮瘤等。大多数肿瘤与造血系统有关,少数侵害其他组织。一些养鸡业发达的国家,大多数鸡群均有感染。淋巴白血病特征是造血组织发生恶性的、无限制的增生,在全身很多器官中产生肿瘤性病灶,死亡率高,危害严重。

鸡淋巴细胞性白血病(LL)是由一种反转录病毒禽白血病/肉瘤病毒群中的病毒引起的以成年鸡体内产生淋巴样肿瘤和产蛋量下降为特征的疾病。

【病原】 禽白血病病毒（ALV）是一种反转录病毒，属于白血病毒属中的禽白血病/肉瘤病毒群。根据抗原结构，可分为不同的亚型，现已发现有A、B、C、D、E、F、G、H、I、J等亚群，仅A～E和J-亚群从鸡分离到，其余亚群见于其他鸟类。J-亚群白血病病毒主要引起肉用型鸡的以骨髓细胞瘤为主的白血病，称之为鸡的J-亚型白血病（ALV-J）。病毒粒子呈圆形或椭圆形，有囊膜，直径为80～120纳米，平均90纳米。白血病病毒对热的抵抗力弱，37℃时的半衰期为100～540分钟，50℃8.5分钟失去活性，在－60℃以下可保存数年。pH5～9时较为稳定。病毒的囊膜含大量脂类，其感染性可被乙醚破坏。对紫外线有很强耐受性

ALV有一种共有的补体结合抗原，因此利用补体结合试验可证明白血病病毒的存在。

ALV的多数毒株在11～12日龄鸡胚中生长良好，许多毒株在绒毛尿囊膜上产生增生性病灶。静脉接种于11～13日龄鸡胚时，40%～70%的鸡胚在孵化阶段死亡。火鸡、鹌鹑、珍珠鸡和鸭的胚胎也可被感染。ALV可在鸡胚成纤维细胞培养物中增殖。在接毒后培养7天，达到最高的病毒滴度。

【临床症状和病理特征】 本病主要经蛋垂直传播，也可水平传播。18月龄的蛋鸡排毒率最高，使初生雏鸡感染，让其终身带毒，增加该病的危害性和复杂性。应激因素有：患寄生虫病、饲料中缺乏维生素、管理不良等都可促使本病发生。发病率低，病死率为5%～6%。本病潜伏期长短不一，传播缓慢，发病持续时间长，一般无发病高峰。常见以下病型：

（1）淋巴细胞性白血病 自然病例多见于14周龄以上的鸡。鸡冠苍白、腹部膨大下垂，呈企鹅状行走，羽毛有时有尿酸盐和胆色素沾污的斑。

（2）成红细胞性白血病 病鸡虚弱、消瘦和腹泻，血液凝固不良致使羽毛囊出血。本病分增生型（胚型）和贫血型两种类型。增生型以血流中成红细胞大量增加为特点。贫血型血流中成红细胞减少，血液淡红色，以显著贫血为特点。

（3）成髓细胞性白血病 病鸡贫血、衰弱、消瘦和腹泻，血液凝固不良致使羽毛囊出血。外周血液中白细胞增加，其中成髓细胞占3／4。

（4）血管瘤　主要表现鸡冠苍白、皮下（趾部皮肤、头部、背部、胸部及翅膀）形成大小不等的血疱，常单个发生。血疱破溃后流血不止，病鸡因出血过多而死亡。

（5）J亚型白血病　以经蛋垂直传播为主，也可以通过相互接触发生水平传播。ALV-J病毒从带毒母鸡进入到蛋白或蛋黄，或同时进入蛋白和蛋黄，因此种蛋孵化时已被传染。先天性感染的鸡通常成为终身带毒者，但不产生中和抗体。雏鸡出壳后水平传播也是重要的传染途径，尤其是鸡出壳后立即接触含有大量ALV-J病毒的病雏粪便，即可感染。接种某些含白血病病毒的活毒疫苗也是感染的重要原因。水平感染的鸡表现暂时性病毒血症，很快产生抗体。感染越早，越容易产生病毒耐受力和持续性病毒血症，并产生肿瘤。因此，先天感染的鸡发生肿瘤的机会大于后天感染的鸡。水平感染发病率高于垂直感染的发病率，典型的鸡胚感染率为10%～15%。所有的感染鸡都可经水平传染将疾病扩散。先天感染和一些早期后天感染的病鸡终生带毒，并将病毒传递给种蛋或排出体外。后期感染（12～20周龄以后）一般不会导致病毒扩散。

从6～8周龄的肉种鸡中就可以发现J亚型病状，大部分患病鸡群在13周龄即表现出典型的骨髓性肿瘤。性成熟期肝、脾及生殖器官中的肿瘤发展迅猛，大肝病日渐明显化。

本病引起种鸡消瘦，鸡冠苍白，生长发育不良，免疫反应低下。患病鸡群产蛋率明显低于标准水平。先天感染和早期后天感染的病鸡最后多以死亡告终。最高死亡率可达23%。死亡陆续发生，主要集中于开产到产蛋高峰期前后，造成种鸡同期死淘率超过标准1～2倍，这也是本病流行病学上的突出特点之一，另一方面，由于水平传播的存在，直到鸡群淘汰时仍可发现少数肿瘤患鸡。

不同品种和品系的肉种鸡对J亚型病毒都是易感的，不过在易感程度上存在一定差异。至今还没有发现对J亚型病毒有遗传抵抗力的任何品种。在某些种鸡场，还可以发现父系发病率明显高于母系，特别是父系公鸡死淘率更高。这一现象的存在，常导致种鸡场公鸡配套不足，影响种蛋受精率和孵化率。此外，生物安全和净化措施不力，污染严重，也是造成某些原种场J亚型感染阳性率偏高的另一个重要原因。

大体病理变化：

（1）淋巴细胞性白血病　病变主要见于肝、脾和法氏囊，以及肾、肺、性腺、心、骨髓及肠系膜等处形成大小不一、灰白色肿瘤结节或器官弥漫性肿大，色泽变淡，尤其是肝、脾显著肿大，俗称大肝病。

（2）成红细胞型白血病　增生型成红细胞性白血病特征性病变为肝、脾、肾弥散性肿大，呈樱桃红色或暗红色，且质软易碎。贫血型成红细胞性白血病特征为骨髓增生、软化，呈樱桃红色或暗红色胶冻样，脾脏萎缩。

（3）成髓细胞性白血病　骨髓质地坚硬，呈灰红或灰色。实质器官增大而质脆，肝脏有灰色弥漫性肿瘤结节。晚期病例，肝、肾、脾呈灰色斑驳状或颗粒状外观。

（4）血管瘤　趾部、皮肤、肝、肾、肺以及肠管、输卵管浆膜等处形成大小不等的血疱，通常单个发生。

（5）J亚型白血病　特征病变是骨骼上形成暗黄白色、柔软、脆弱或呈干酪样的骨髓细胞瘤，通常发生于肋骨与肋软骨连接处、胸骨后部、下颌骨和鼻腔软骨处，也见于头骨的扁骨，常见多个肿瘤，一般两侧对称。在病变部位的骨膜下可见白色石灰样增生的肿瘤组织，隆起于骨表面。仅凭此病理特征即可初步怀疑为J型白血病。肿瘤组织也在肝脏、脾脏、肾脏、卵巢和睾丸等处发生。肝脏的肿瘤开始是小黄白色结节，以后逐渐形成弥漫性扩散，致使肝体积增大数倍或十余倍，充斥腹腔，成为典型的大肝鸡。肝脏质地非常脆弱，患鸡常因肝破裂大出血死亡。此外，在心脏、肺脏、胸壁及腹壁、大网膜、胰腺、肌胃、胸肌，以及胸腺和法氏囊中也可见肿瘤病变。法氏囊的肿瘤可达鸡蛋大小，它是由许多绿豆大小的肿瘤结节融合形成的黄白色实变性肿瘤，眼观上完全丧失了法氏囊原有的结构。

病理组织学变化：

（1）淋巴细胞性白血病组织学检验可见内脏器官出现的肿瘤细胞是由大小、形态比较一致的成淋巴样细胞组成。

（2）血管瘤显微镜下可见在血管瘤周围有髓样细胞瘤浸润，髓样细胞呈圆形，较大，胞浆中含有嗜酸性红色颗粒，胞核偏于一侧。在心脏、肝脏、脾脏及肾脏内出现数量不等髓样细胞瘤病灶。肝脏结构破坏严重，肝细胞结构模糊不清，肝索结构基本消失。肝组织出血严重，髓样细胞在组织内散在分布，同时还有大量炎性细胞。

（3）J亚型白血病可见肿瘤主要由髓细胞组成，细胞形态基本一致，细胞体积大，呈圆形或椭圆形，细胞浆丰富，呈粉红色，内有大量呈圆球形嗜酸性颗粒。细胞核呈圆形、椭圆形或肾形，染色稍淡，空泡化，常偏于细胞一侧，有一个明显的核仁。有的肿瘤结节有血管，血管内可见大量的红细胞及髓细胞，可见核分裂相。

肝脏失去其固有的结构，大量髓细胞呈灶状或条索状增生，病灶多，大小不一，只残存少量的肝细胞团块及中央静脉，有的中央静脉内聚集较多的红细胞和髓细胞。

骨髓原有的组织结构被破坏，髓细胞大量增生，骨髓中其他成分明显减少。

脾脏白髓的体积缩小、数量明显减少，红髓内的髓细胞多呈弥漫性增生，鞘动脉周围有灶状髓细胞浸润。

肾脏中肾小管上皮细胞普遍出现变性、坏死，肾小管间质内出血。

卵巢、腺胃、肺脏、骨骼肌、心肌等间质内都可见髓细胞增生灶，而在坐骨神经、大脑、小脑则未见到髓细胞增生。

【诊断要点】 本病很容易和鸡马立克病混淆，仅靠临床症状和病理变化不能区分。本病表现为肝、脾弥漫性肿大，色泽变淡，散在小的肿瘤结节，以及其他器官肿瘤形成，可通过组织学、组织化学和血清学方法予以确诊。

图194　禽白血病
　肝脏肿大，散在大小不等的灰白色肿瘤结节。（王新华）

图195　禽白血病

　脾脏弥漫性肿大，色泽变淡。（王新华）

图196　禽白血病

　肾脏弥漫性肿大，色泽变淡，散布灰白色肿瘤结节。（王新华）

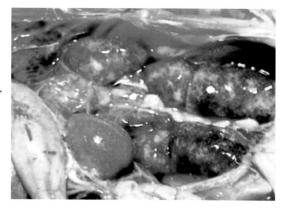

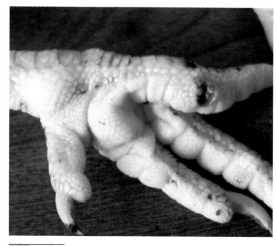

图197　禽白血病

　病鸡趾部有两个血管瘤，其中一个已经自行破溃。（王新华）

图198 禽白血病
　病鸡翅下的血管瘤。（王新华）

图199 禽白血病
　肝脏中的血管瘤。（王新华）

图200 禽白血病
　肾脏上的血管瘤。（王新华）

图201 禽白血病

肺部有多量大小不等的血管瘤。（王新华）

图202 禽白血病

输卵管浆膜上的血管瘤。（王新华）

图203 禽白血病

肝脏中肿瘤细胞呈灶状及弥漫性分布，肝细胞索断裂（HE×100）。（王新华）

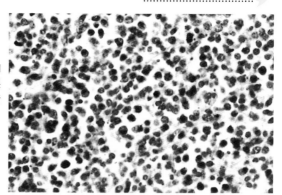

图204　禽白血病

　　肿瘤由大小一致的成淋巴细胞组成，胞核呈泡状，可见分裂象，胞浆较少，细胞边界不清（HE×400）。（王新华）

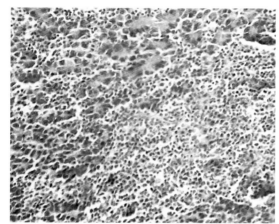

图205　禽白血病

　　胰腺中大量肿瘤细胞增生，胰腺腺泡受到肿瘤细胞的挤压萎缩、消失（HE×100）。（王新华）

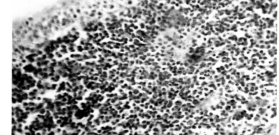

图206　禽白血病

　　十二指肠固有膜中有大量肿瘤细胞浸润（HE×100），（王新华）

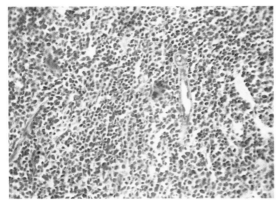

图207　禽白血病
　　法氏囊中肿瘤细胞弥漫性增生，正常的组织结构完全被破坏（HE×100）。（王新华）

图208　禽白血病
　　心肌中的肿瘤细胞呈弥漫性分布，肌纤维受压迫而萎缩、消失（HE×400）。（王新华）

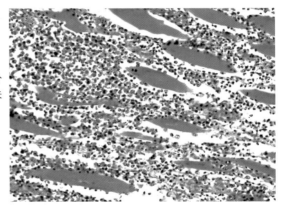

　　【防治措施】　根据禽白血病的特点，可从以下几个方面采取措施：

　　1. **消除垂直传播**　本病以垂直传播为主，在尚未有理想疫苗和药物可用于预防和治疗的情况下，只能依靠灵敏的诊断方法，早期诊断，淘汰带毒种鸡，以净化种群。

　　2. **防止水平传播**　育雏阶段，特别是5日龄以内的雏鸡容易发生水平传播，因此，育雏舍要进行彻底熏蒸消毒，进育雏舍后进行带鸡消毒。孵化用具彻底消毒，粪便集中处理，防止饲料或饮水被污染。选用无污染的疫苗。

　　3. **加强饲养管理**　饲养管理良好的鸡群，机体免疫机能强大，即使是感染了 ALV 也可能不发病。

4. 培育 ALV 抗性种鸡 培育对白血病具有高度抵抗力的种鸡，一直是遗传学家为控制本病而追求的目标。

【注意事项】 禽白血病与鸡马立克病、网状内皮组织增生症、禽结核病、鸡白痢、禽曲霉菌病等有相似的病理变化，在诊断上容易混淆。在通过临床症状、病理变化不能区分时应从病原学、血清学等方面加以区别。

禽网状内皮增生病

禽网状内皮增生病（RE）是由网状内皮组织增生病病毒引起的鸭、火鸡、鸡和野禽的一组症状不同的综合征。包括免疫抑制、致死性网状细胞瘤、生长抑制综合征（矮小综合征）以及淋巴组织和其他组织的慢性肿瘤。

【病原】 REV 属反转录病毒科，禽 C 型肿瘤病毒。核酸为单股正链线状 RNA。病毒粒子直径为 80 纳米左右，有囊膜。蔗糖浮密度为 $1.15 \sim 1.17$ 克／厘米^3，氯化铯浮密度为 $1.20 \sim 1.22$ 克／厘米^3。病毒对乙醚敏感，对热（56℃，30分钟）敏感，不耐酸（pH3.0）。

据目前报道，从各类禽中分离到的 REV 近 30 个分离株，抗原均十分接近，同属于一个血清型。但各分离株间有较小的抗原差异。陈溥言等（1986）用微量交叉中和试验，将世界各国分离的 26 个分离株分为 3 个血清亚型。RE 病毒群分为复制缺陷型和非缺陷型病毒两大类。前者需要辅助病毒 REV-A 的参与才能进行病毒复制。但只有非缺陷型病毒才能引起矮小综合征和慢性淋巴瘤。

非缺陷型 REV 可以在几种禽类细胞中增殖，特别是鸡胚、火鸡和鹌鹑成纤维细胞最常用。李劲松报道，用鸭胚、鸭胚肾细胞繁殖病毒也很好。但 REV 在细胞培养物上没有明显可见的细胞病变，病毒在细胞培养上生长的峰值时间为感染后的 $2 \sim 4$ 天。某些哺乳类动物的细胞可供 REV 增殖。据报道 D17 犬肉瘤细胞，cf2Th 犬胸腺细胞、正常的大鼠肾细胞、水貂肺细胞均可供非缺陷型 REV 有限增殖。但尚未见 REV 在非禽类宿主体内增殖的报道。

【临床症状和病理特征】 自然感染的发病机理目前还不清楚。潜伏期不确定，慢性感染或急性感染耐过的鸡，其主要表现为生长停滞、消瘦、羽毛稀少，有的病鸡发生运动失调、肢体麻痹等症状。有的还表现为精神沉郁，呆立嗜眠等。

1日龄接种污染有REV的疫苗的雏鸡通常表现为矮小综合征，严重时雏鸡生长停滞，羽毛生长不正常，躯干部位的羽毛羽小枝紧贴羽干。

REV感染后禽生长迟缓，淘汰率和死亡率升高，引起感染鸡的免疫抑制，干扰其他禽病疫苗的免疫效果，导致免疫失败。REV一般感染幼龄雏鸡，特别是胚胎及新孵出的雏鸡，感染后引起严重的免疫抑制或免疫耐受。而较大日龄鸡，由于免疫机能发育较完善，感染后不呈现病毒血症。

病变分为增生型和坏死型。肝、脾肿大，其表面有大小不等的灰白色结节或弥漫性病变，感染毒力较低的毒株时，明显消瘦和外周神经肿大，肝、脾肿大和法氏囊萎缩。

最急性病例常看不到明显的病变，有时仅在心脏冠状沟有少量针尖大出血点；急性病例在各浆膜上有点状出血，特别是心外膜的冠状沟，常密布大小不一的小出血点。心包液增多，混浊，偶尔还混有纤维素凝块。十二指肠黏膜发生严重的出血性炎症。肝脏肿大、脂变，并有针尖至粟粒大的灰黄色坏死灶，这是一个特征性病理变化；慢性病禽除见消瘦、贫血外，肺脏有较大的黄色干酪样坏死灶。有关节炎的病例，其关节和腱鞘内贮留有混浊或干酪样渗出物。有的鸡冠、肉髯或耳下呈现水肿或坏死。母鸡的卵巢常发生明显变化，卵子形状不一，质地柔软，卵黄膜脆弱易破，有的卵子呈淡绿色，卵巢周围有一种坚实、黄色的干酪样物质，有时与其他脏器粘连。感染鸡的法氏囊严重萎缩并重量减轻。

组织学检查可见各器官中大量网状内皮细胞瘤样增生。

【诊断要点】 本病病毒可分为复制缺陷型和非复制缺陷型，多由接种某些带毒疫苗所致，也可是高致病性禽痘病毒携带的完整病毒引起发病。急性型只表现为死前嗜睡；慢性型表现为矮小综合征，生长发育停滞，羽毛生长不良，冠髯苍白。运动失调，肢体麻痹。根据剖检变化结合临床症状和流行特点，可初步作出诊断，确诊必须靠血清学实验和病毒分离。

　　【防治措施】 本病目前无有效治疗方法，也无可用疫苗。重点是建立健全生物安全体系，拒疾病于鸡场之外。注意不使用被本病毒污染的疫苗。及时处理病鸡，杜绝水平传播。

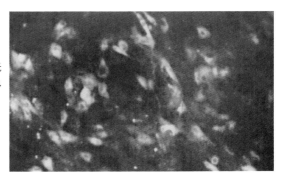

图209　禽网状内皮增生病

　　感染细胞呈黄绿色荧光（荧光染色）。（崔治中，《禽病诊治彩色图谱》，2003 年）

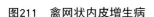

图210　禽网状内皮增生病

　　病鸡羽毛发育不良。（郑明球、蔡宝祥，《动物传染病诊治彩色图谱》，2002 年）

图211　禽网状内皮增生病

　　肝脏肿大，肝脏实质中有很多灰白色肿瘤结节，腺胃肿大呈球状。

图212　禽网状内皮增生病

　　1日龄SPF鸡人工感染1个月后死亡鸡，腺胃肿大。（崔治中，《禽病诊治彩色图谱》，2003年）

图213　禽网状内皮增生病

　　1日龄SPF鸡人工感染1个月后死亡鸡，腺胃肿大，切开胃壁可见胃壁增厚，乳头有环状出血。（崔治中，《禽病诊治彩色图谱》，2003年）

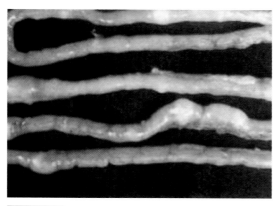

图214　禽网状内皮增生病

　　鸡的肠壁上有很多肉瘤结节。（吕荣修，《禽病诊断彩色图谱》，2005年）

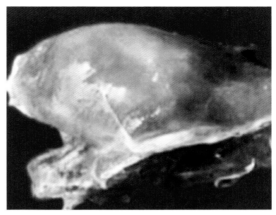

图215　禽网状内皮增生病

　　病鸡胸肌中的肿瘤结节。(杜元钊、朱万光,《禽病诊断与防治图谱》,2005 年)

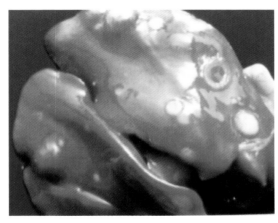

图216　禽网状内皮增生病

　　病鸡肝脏中的肿瘤结节,呈钮扣状。(杜元钊、朱万光,《禽病诊断与防治图谱》,2005 年)

　　【注意事项】　注意与禽白血病、马立克氏病、矮小综合征以及其他免疫抑制综合征相区别,特别是鸡传染性法氏囊病、苍白综合征(pale bird)、吸收障碍综合征(realabsorption)以及呼肠孤病毒引起的传染性发育障碍综合征(infectious stunting)。在火鸡本病应与淋巴细胞增生病相区别。

鸡传染性腺胃炎

　　鸡传染性病毒性腺胃炎(TVP)是由病毒和或其他多种因素引起

的腺胃的炎症。其特征是生长迟缓、饲料转化率低、消化不良、全身苍白、粪便中可见未消化的饲料（养殖户称为过料）。病理特征为病鸡的腺胃显著肿大，呈圆球状，胃壁增厚，黏膜出血、溃烂。目前，世界各地均有相关报道，我国各地均有此病发生的报道，给养鸡业造成严重的经济损失。

【病原】 传染性腺胃炎的病原目前尚未定论，众说纷纭。我国学者王玉东等从患腺胃肿大病鸡中分离到冠状病毒，认为是传染性支气管炎病毒的变异株；朱国强等从江苏腺胃肿大的病鸡中分离到 H95 病毒，认为与鸡传染性支气管炎病毒（IBV）有密切的血清学关系；荣骏弓等从哈尔滨某鸡场腺胃肿大的病例中分离到 IBV2Hu98 毒株。周继勇等研究表明所分离到的传染性腺胃炎病毒（暂定名）ZJ_{971} 毒株与鸡传染性支气管炎的抗原相关性极小。杜元钊等从肿大的腺胃中分离到一株网状内皮组织增生病病毒（REV）；姜北宇的研究也证明 REV 能导致鸡腺胃肿大。R.K.Page 从几个患该病的鸡场中均分离到了呼肠孤病毒（RV），并将此病毒接种到带有低水平抗关节炎病毒的母源抗体的 1 日龄雏鸡可以复制出腺胃炎的类似症状及病变。吴延功等报道引起鸡腺胃肿大的病原还有腺病毒和一些未分类的小病毒粒子。

除了传染性因素外还有很多诱发因素，如日粮中生物胺（组胺、尸胺、组氨酸等）含量过高，如堆积的鱼粉、玉米、豆粕、维生素预混料、脂肪、禽肉粉和肉骨粉等含有高水平的生物胺；霉菌毒素等都对机体有毒害作用而诱发本病。

所以说，本病是由一种或几种传染性病原微生物及非传染性因素引起的综合征。消化道和内分泌器官是这些致病因子的靶器官。

【临床症状和病理特征】 一般20～30日龄开始出现食欲不振等症状，30～50日龄时死亡率不断增加，体重明显小于健康个体，平均每天的死亡率可高达0.5%，50日龄后，体重严重下降，出现死亡高峰，日龄稍大或成年鸡死亡率较低。发病率一般为30%～50%，高的可达100%，死亡率一般为40%～50%，雏鸡死亡率最高可达95%。

潜伏期的长短取决于病毒的致病性、宿主年龄和感染途径。人工感染潜伏期15～20天，自然感染的潜伏期较长，有母源抗体的幼雏潜伏期可达20天以上。

本病常继发于眼型鸡痘或接种带毒的疫苗之后。病鸡初期表现精神沉郁，缩头垂尾，翅下垂，羽毛发育不良，蓬乱不整，主羽断裂。采食及饮水减少，鸡只生长迟缓或停滞，增重停止或体重逐渐减轻；发病后期鸡体苍白，极度消瘦，饲料转化率降低，粪便中有未消化的饲料。有的鸡有流泪、眼睑肿、呼吸道症状。排白色或绿色稀粪。体重比正常体重下降 40% ~ 70%，最后衰竭死亡。部分病鸡逐渐康复，但体形瘦小，不能恢复生长，鸡只个体大小参差不齐。本病在鸡群中传播迅速，病程可达 15 ~ 20 天。

明显的病理变化表现为腺胃肿大，如乒乓球状，为正常鸡的 2 ~ 5 倍。腺胃壁增厚，腺胃黏膜增厚，水肿，出血、坏死、溃疡，指压可流出浆液性液体，黏膜上有胶冻样渗出物或灰白色糊状物，乳头水肿发亮、充血、出血。后期乳头凹陷，周边出血、溃烂，挤压乳头有脓性分泌物，有的腺胃与食管交界处有带状出血。肌胃萎缩。肌肉松软。胰腺、胸腺、法氏囊明显萎缩。病鸡肠道内充满液体，肠壁菲薄，肠黏膜有不同程度的肿胀、充血、出血、坏死。盲肠扁桃体肿胀出血，有的肝脏呈古铜色。

【诊断要点】　根据流行病学调查，结合临床症状，剖检出现的肉眼病变和显微病变作出初步诊断。目前，还没有血清学试验用于TVP的诊断，所以新发病地区和有混合感染的鸡群很容易被误诊，要特别注意鉴别诊断。

1. **发病初期**　因与传染性支气管炎临床症状基本一致，容易误诊为肾型传染性支气管炎，肾型传染性支气管炎时肾脏肿大苍白，外表呈花斑状，输尿管变粗，切开有白色尿酸盐结晶。

2. **发病中期**　容易误诊为新城疫或维生素E－硒缺乏症。新城疫感染时，病鸡有神经症状，除腺胃乳头有出血外，喉头、气管、肠道、泄殖腔及心冠脂肪均见出血。用卵黄抗体治疗有效，经注射ND I系苗后，一般可以控制死亡。而腺胃炎主要表现为患病鸡生长迟缓，消瘦，病死鸡除腺胃壁水肿增厚外，其他器官病变少见。而维生素E－硒缺乏症，主要表现为小脑软化、渗出性素质、鸡营养不良、胰腺萎缩纤维化等症状和病变，有的腺胃水肿，肌肉苍白，但通过补充亚硒酸钠和维生素E，可以很快治愈，死亡率不高。所以，通过观察临床症状，剖检病变，防疫治疗效果可以进行鉴别诊断。

3. **发病后期**　腺胃肿大明显，容易误诊为马立克氏病（MD），腺胃型MD主要发生于性成熟前后，病鸡以呆立、厌食、消瘦、死亡为主要特征，鸡群或许有眼型、皮肤型、神经型的病鸡出现。而腺胃炎发病日龄远远早于MD的发病日龄，而且不见肢体麻痹症状；该病的腺胃肿胀是腺泡的肿胀而不是肿瘤，由此可与MD区别。腺胃型MD腺胃肿胀一般超出正常的2～3倍，且腺胃乳头周围有出血，乳头排列不规则，内膜隆起，有的排列规则，但可能伴有其他内脏型MD发生，即除可见腺胃肿胀外，其他内脏器官如肝、肺、肾、卵巢等器官有肿瘤结节，有的病鸡坐骨神经干肿大变粗、横纹消失。

　　4. 其他诊断　饲料中毒引起腺胃肿大，剖检时胃内有黑褐色、腐臭味的内容物，也可以通过检查饲料质量进行鉴别。

图217　鸡传染性腺胃炎

腺胃肿大呈球形。（王新华）

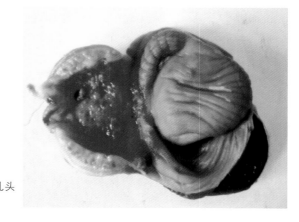

图218　鸡传染性腺胃炎

病鸡腺胃胃壁显著增厚，乳头肿大、溃烂。（王新华）

【防治措施】 预防该病首先要做好免疫接种。1日龄皮下接种弱的活呼肠孤病毒可有效地产生主动免疫；10日龄左右接种鸡传染性支气管炎弱毒苗，12周龄及开产前各接种1次；由于网状内皮组织增生病毒的免疫应答可高于感染，一些发病鸡可能恢复。

鉴于该病病原学复杂，发病后首先应做好诊断，确定病原，做到心中有数。该病发生后无特效治疗药物，使用抗生素可防止继发感染。因此，平时应加强鸡群的饲养管理，加强隔离，注意消毒，增加维生素和微量元素的摄入量，给予合适的抗生素和抗病毒药物，做好综合防治，尽量减少鸡群受感染的机会。

一旦发病可试用以下治疗措施：

先给发病鸡群饮用黄芪多糖+氨苄青霉素+西咪替丁，治疗3～5天；由于本病主要表现为免疫抑制，黄芪多糖可提高免疫力，缓解免疫抑制症状；氨苄青霉素对魏氏梭菌等细菌有杀菌作用；西咪替丁对腺胃溃疡起到治疗作用。在发病早期应用此配方能很快缓解症状。再用清瘟败毒散（主要成分：黄连、青黛、荆芥、防风、羌活等）+头孢类药物+复合维生素B，治疗4天。此疗程主要是为了更好的彻底清除病毒，调理机体的抗病毒能力，同时调整机体的消化机能，增加采食量。最后阶段可以用一些增进食欲、促进消化的药物调整采食量。

【注意事项】 注意与支气管炎、新城疫、马立克氏病、维生素E-硒缺乏症和饲料中毒等疾病区别。

鸡 球 虫 病

鸡球虫病是一种常见而且危害十分严重的原虫病，它造成的经济损失是惊人的。各种年龄的鸡均可感染，但危害最严重的是3～6周龄的雏鸡，成年鸡多呈带虫免疫状态。发病鸡的主要特征是便血和突然死亡。

【病原】 鸡球虫属于真球虫目，艾美耳科，艾美耳属。世界各国已经有记载的鸡球虫有13种之多，多数学者公认的有9种。它们分别寄生在鸡肠道的不同部位，引起的疾病和病理变化也有差异。

1. **堆型艾美耳球虫**（*E. acervulian*） 通常寄生在十二指肠和空

肠的上皮细胞内，个别情况下可延及小肠后部。其卵囊大小中等，卵圆形，最大的为22.5微米×16.75微米，最小的15微米×12.5微米，平均18.8微米×14.5微米。

2. **布氏艾美耳球虫**（*E.brunetti*）　寄生于小肠后段和直肠上皮细胞内。卵囊较大，仅次于巨型艾美耳球虫，卵圆形。最大的为28微米×21微米，最小的为17.5微米×15.75微米，平均为22.6微米×18.5微米。

3. **哈氏艾美耳球虫**（*E.hagani*）　寄生于小肠前端上皮细胞中。卵囊中等大小，呈宽卵圆形，大小为（15.5～20）微米×（14.5～18）微米，平均为17.68微米×15.78微米。

4. **巨型艾美耳球虫**（*E.maxima*）　寄生于小肠中段上皮细胞内。大型卵囊，宽卵圆形，一端钝圆，一端较窄。最大的为40微米×33微米，最小的21.75微米×17.5微米，平均30.76微米×23.9微米。

5. **变位艾美耳球虫**（*E.mivati*）　寄生于小肠前段和中段的上皮细胞内。为小型卵囊，大多成卵圆形，也有椭圆形的。最大的为19.25微米×14.87微米，最小的10.5微米×9.62微米，平均为14.33微米×11.75微米。

6. **和缓艾美耳球虫**（*E.mitis*）　寄生于小肠前部上皮细胞内。为小型卵囊，近圆形，最大的为19.5微米×17.0微米，最小的为12.75微米×12.5微米，平均15.34微米×14.3微米。

7. **毒害艾美耳球虫**（*E.necatrix*）　其裂殖生殖主要在卵黄蒂前后的小肠上皮细胞内，配子生殖则在盲肠上皮细胞内。卵囊中等大小，卵圆形，最大为21.0微米×17.5微米，最小的为4.0微米×10.25微米，平均为116.59微米×13.5微米。

8. **早熟艾美耳球虫**（*E.praecox*）　寄生于小肠前1/3部分的上皮细胞内。卵囊较大，大多数为椭圆形，其次有卵圆形，少数为近圆形的。最大为25微米×18.25微米，最小为20微米×17.5微米，平均为21.75微米×17.33微米。

9. **柔嫩艾美耳球虫**（*E.temella*）　寄生于盲肠及其附近肠道的上皮细胞内。卵囊较大，多数为宽卵圆形，一端较窄，少数呈椭圆形，最大为25微米×20微米，最小为20微米×15微米，平均为22.6微米×18.05微米。

【临床症状和病理特征】 鸡的球虫病根据病程可分为急性型和慢性型，根据侵害部位可分为盲肠球虫病和小肠球虫病。

盲肠球虫病多为急性型，由柔嫩艾美耳球虫引起，常侵害3～6周龄的雏鸡，病鸡精神沉郁，食欲减退或废绝，羽毛松乱，两翅下垂，闭目缩颈，排出带血的粪便或血液，当出现血便1～2天后发生死亡，死亡率可达50%，严重时可达100%。

盲肠球虫病的病理变化主要表现在盲肠，两侧盲肠高度肿大，呈暗红色或黑红色，切开盲肠可见盲肠内有大量的鲜红色或暗红色的血液或血凝块。肠黏膜坏死脱落与血液混合形成暗红色干酪样肠芯。

小肠球虫病是由柔嫩艾美耳球虫以外的几种球虫引起的，多见于2个月龄以上的鸡只，呈慢性经过，主要表现为食欲减退，消瘦贫血，羽毛松乱，下痢，但血便不明显。蛋鸡产蛋量下降，死亡率较低。但是也有严重的病例，由于常继发细菌感染而致肠毒血症，死亡严重。

小肠球虫病时，因寄生的球虫种类不同，在小肠不同部位的肠浆膜上可见大小不等的出血点和灰白色斑点（球虫的虫落）。肠毒血症时肠管肿胀肠浆膜有出血点和灰白色小点，肠内容物呈灰红色烂肉样，其中混有大量小的气泡，有酸臭味，肠黏膜出血、坏死。

【诊断要点】 盲肠球虫病血便明显，死亡率高，肠壁出血明显，肠腔内有大量血液或血凝块；小肠球虫病血便不明显，死亡率较低，可在不同部位有出血点或灰白色斑点。肠内容物镜检可见大量球虫卵囊。

【防治措施】 球虫病最重要的是预防，一旦发病即便使用最有效的药物治疗，其损失已经造成。预防措施如下：

1.**消灭环境中的球虫卵囊** 球虫卵囊对消毒药剂和环境因素抵抗力很强，一般消毒药不起作用，10%的氨水和5.7%的二硫化碳可抑制卵囊的发育。对粪便可采取堆积发酵法杀灭卵囊，但是粪便中不宜使用化学消毒剂，这样会杀死细菌不利于粪便发酵。

2.**药物预防** 抗球虫的药物很多，使用时要结合具体情况，选择广谱、高效、低毒、安全、残留量少、残留期短的药物。为避免耐药或抗药性的产生，要经常更换药物，或联合用药。常用的药物有氨丙啉、氯苯呱、尼卡巴嗪、常山酮、地克珠利、妥曲珠利、磺胺吡嗪、莫能霉素、盐霉素、马杜霉素、海南霉素等，按药品说明使用。

药物预防有3种方案：①单一药物连续使用从1日龄开始连续投喂抗球虫药物至70日龄，肉鸡应按规定的休药期停药。可选用克球粉、可爱丹、盐霉素，尼卡巴嗪、常山酮等。②穿梭或二元方案，在防治鸡白痢的同时预防球虫，可用痢特灵、复方敌菌净等，连用1个月。到育成期更换另外一些药物如尼卡巴嗪、常山酮、盐霉素等。③对肉用仔鸡可采用第一方案，即从1日龄起连续用药，在出栏前按规定的休药期停药。

3．**疫苗接种**　国内已有致弱球虫卵囊疫苗，按厂家说明使用。

治疗：当发病时应尽早进行药物治疗，为了提高疗效，应同时用几种抗球虫药进行治疗，抗球虫病的药物多，使用时可根据厂家的使用说明进行。

【**注意事项**】　防治球虫病关键是预防，一旦发病再治疗为时已晚，治疗时同时使用维生素A和维生素K，具有减轻症状，控制死亡的作用。

图219　鸡球虫病

盲肠球虫隔着肠壁可见肠内血液或暗红色血凝块，肠浆膜有明显出血斑点。（王新华）

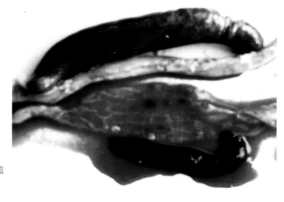

图220　鸡球虫病

盲肠球虫，肠腔内的血液和血凝块。（王新华）

图221　鸡球虫病
　　小肠浆膜有点状出血，密布灰白色斑点。（王新华）

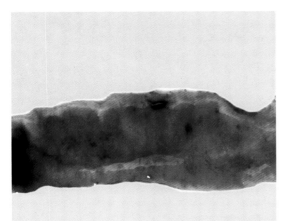

图222　鸡球虫病
　　小肠黏膜有大小不等的出血点，黏膜大量脱落成米粥状其中混有血块，镜检见有卵囊和大量裂殖子。（王新华）

图223　鸡球虫病
　　小肠球虫，肠壁上有大量出血点。（王新华）

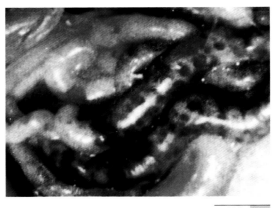

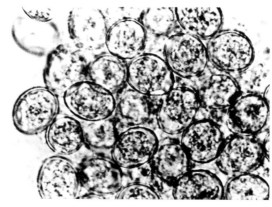

图224 鸡球虫病
    肠内容物中有大量成熟的卵囊（肠内容物压片×400）。（王新华）

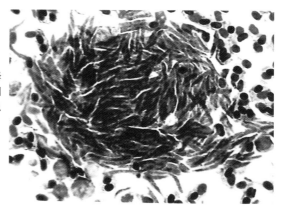

图225 鸡球虫病
    盲肠内容物中的裂殖体正在释放裂殖子（Ggiemsa×330）。（刘宝岩等，《动物病理组织学彩色图谱》，1990年）

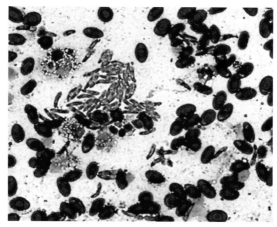

图226 鸡球虫病
    盲肠内容物涂片，示裂殖子（美兰染色）。（王新华）

鸡住白细胞虫病

鸡住白细胞虫病是由卡氏住白细胞虫引起的一种原虫病。常呈地方性流行，感染病鸡由于出血、贫血使冠髯苍白而被称为白冠病。

【病原】　住白细胞虫属于原生动物门，复顶亚门，孢子虫纲，血孢子虫亚门目，疟原虫科，住白细胞虫属。已经知道的住白细胞原虫有28种，其中危害较大的有卡氏住白细胞虫、沙氏住白细胞虫和安氏住白细胞虫3种。我国已发现的有卡氏和沙氏两种住白细胞虫。

住白细胞虫的生活史可分为3个阶段：孢子生殖阶段在昆虫体内完成；裂殖生殖阶段在鸡的组织细胞中完成；配子生殖阶段在鸡的红细胞或白细胞中完成。卡氏住白细胞虫的昆虫媒介是库蠓，沙氏住白细胞虫的昆虫媒介是蚋。

鸡血液内的大配子和小配子随吸血昆虫的吸食血液进入昆虫胃内，迅速长大，大、小配子结合形成合子，合子继续发育成动合子，动合子发育成卵囊，在卵囊内形成子孢子，子孢子从卵囊中逸出进入昆虫的唾液腺完成配子生殖，此阶段经3～4天完成。子孢子在昆虫体内至少存活18天。

由于昆虫吸食血液，子孢子随昆虫的唾液进入鸡体，进入鸡体内的子孢子首先进入血管内皮细胞，发育并形成裂殖体，一个子孢子可形成10个左右的裂殖体。大约10天血管内皮细胞破裂，释放出裂殖体，随血液循环转移到其他组织器官，如肝、肾、肺等，继续发育，至第10～15天裂殖体破裂，释放出成熟的裂殖子。这些裂殖子进入肝细胞形成肝裂殖体，肝裂殖体成熟后其大小可达45微米。一些裂殖体被巨噬细胞吞噬，在其中发育成巨型裂殖体或大裂殖体，大小可达400微米。肝裂殖体和巨型裂殖体可继续进行裂殖生殖2～3代。而进入血细胞（红细胞、成红细胞、淋巴细胞和白细胞）中的裂殖子则开始配子生殖。

进入血细胞中的裂殖子在鸡的末梢血液中逐渐发育，形成大配子体和小配子体，最后配子体释放出大、小配子。

卡氏住白细胞虫的配子生殖可分为5个时期：

第一期　配子游离于血液中，呈紫红色圆点状或类似于巴氏杆菌两极着色状，单个存在或成堆排列，大小为0.98～1.45微米。

第二期　大小、形态与第一期相似，但是已经侵入宿主细胞内，多位于胞浆的一端。每个红细胞内有1～2个虫体。

第三期　常见于组织印片中，虫体明显增大，大小为10.87微米×9.43微米。深蓝色，近似圆形，充满宿主细胞胞浆，宿主细胞核被挤向一侧。深蓝色，核位于中央，呈肾形、菱形、梨形、椭圆形。小配子体呈不规则的圆形，大小为10.09微米×9.42微米。呈浅蓝色，核大，几乎占去虫体的全部，较透明，呈哑铃状、梨状，宿主细胞核被挤压成扁平状。

第四期　已可区分出大配子体和小配子体，大配子体呈圆形或椭圆形，大小为13.05微米×11.6微米。细胞质呈深蓝色，核居中央，呈肾形、菱形、梨形或椭圆形。大小为5.8微米×2.9微米，核仁为圆点状。小配子呈不规则圆形，大小为10.9微米×9.42微米。细胞质少呈浅蓝色，核几乎占据虫体的全部，大小为9.8微米×9.35微米，较透明，呈哑铃状、梨状。核仁呈紫红色，呈杆状或圆点状。被寄生的细胞也随之增大，大小为17.1微米×20.9微米，呈圆形，细胞核被挤压成扁平状。

第五期　其大小、染色与第四期虫体相似，但是随着配子体的增大，宿主细胞核与胞浆逐渐减少或消失。这种虫体容易在末梢血液涂片中见到。

【临床症状和病理特征】　住白细胞虫的生活史需要在宿主的血细胞、组织细胞内和昆虫体内完成，因此本病的发生需要媒介昆虫的参与。其发病季节与媒介昆虫大量滋生有关，当气温在20℃以上时，适合媒介昆虫的繁殖，也正是住白细胞虫病的流行季节。卡氏住白细胞虫的媒介昆虫是库蠓，沙氏住白细胞虫的媒介昆虫是蚋。一般当年的新鸡多发，而一年以上的鸡多为带虫者。由于虫体的裂殖生殖和配子生殖都在鸡的细胞和组织中进行，从而造成细胞损伤和血管破裂，而发生出血和贫血。

自然感染的潜伏期为6～10天，当年的青年鸡感染时症状明显，死亡率高。一年以上的鸡感染率虽然很高，但症状不明显，发病率较低，多为带虫者。病鸡精神沉郁，食欲减退，冠髯苍白，鸡冠上有针尖大的出血点，拉黄绿色或翠绿色的稀粪，有时有血便。严重的病例因肺出血而呼吸困难或咯血。产蛋鸡可见产蛋减少，甚至停产。

特征性病理变化是病鸡的胸肌、腿肌、腹腔浆膜、脂肪、内脏器官等组织中有出血点，有些出血点中心有灰白色小点（巨型裂殖体）。肠壁、肠系膜的出血点十分明显。有时肠浆膜上可见较多的灰白色的小米大的结节（巨型裂殖体）。其他脏器中也有出血性病变，有的肾脏被膜下形成很大的血疱，有的肺脏严重出血，也有的肝脏严重出血致腹腔积血。

【诊断要点】 本病多发生于温暖潮湿、媒介昆虫（库蠓）滋生的季节，病鸡拉翠绿色的稀粪，有时病鸡咳血或便血，鸡冠苍白，有针尖大小的出血点，胸肌、腿肌、腹腔浆膜、心、肝、肺、肾脏等处有出血点，出血点的中央有灰白色的小点（巨型裂殖体），严重的病例肾脏被膜下有巨大出血疱。肝、肾等组织切片可见数量不等的巨型裂殖体，内含有深蓝色裂殖子。急性病例可见血细胞中的裂殖子和配子体。

【防治措施】

1.清除鸡舍周围的杂草、积水，并于发病季节在鸡舍周围喷洒农药，消灭媒介昆虫。

2.发病季节进行药物预防和治疗。可选用磺胺二甲氧嘧啶、复方敌菌净、克球粉等药物预防或治疗。为了防止耐药性的产生可交替用药。

【注意事项】 本病与巴氏杆菌病、传染性法氏囊病、传染性贫血、包涵体肝炎等都有全身器官出血现象，但是出血的形态不同，应注意区别。磺胺药物有一定毒性，连续服用往往会引起中毒。连用5天，停药2～3天再用。

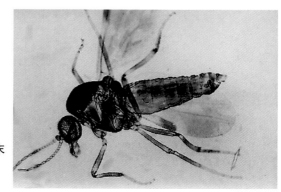

图227 鸡住白细胞虫的终末宿主库蠓

（王兆久）

图228　鸡住白细胞虫病

鸡冠苍白，有针尖大小的出血点。（王新华）

图229　鸡住白细胞虫病

肠浆膜和肠系膜上的裂殖体，周边出血，中心灰白色。（王新华）

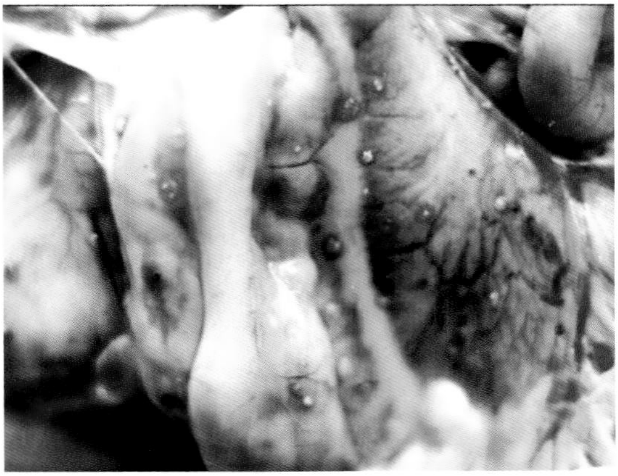

图230　鸡住白细胞虫病

肠浆膜和肠系膜上的裂殖体，周边出血，中心灰白色。（王新华）

图231 鸡住白细胞虫病

肾脏中的裂殖体和出血点。（王新华）

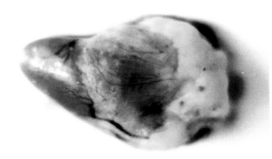

图232 鸡住白细胞虫病

心脏上的出血点。（王新华）

图233 鸡住白细胞虫病

肝脏中的裂殖体，内含大量裂殖子（HE×1 000）。（王新华）

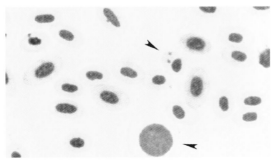

图234 鸡住白细胞虫病

示红细胞内的裂殖子和大配子。（王兆久）

组织滴虫病

本病是由火鸡组织滴虫寄生于鸡的盲肠和肝脏引起的一种原虫病。本病的特征是坏死性肝炎和坏死性盲肠炎，故称盲肠肝炎。由于病鸡冠髯暗红，又称黑头病。多发生于火鸡、雏鸡，成年鸡也可发生，但病情较轻。野鸡、孔雀、珠鸡、鹌鹑也可感染。

【病原】 本病的病原体是火鸡组织滴虫，由于虫体发育阶段不同，虫体呈多样性，大小不一。非阿米巴阶段的虫体近似球形，直径3～6微米。阿米巴阶段虫体呈多样性，常伸出一个或数个伪足，有一根粗壮的鞭毛，细胞核呈球形，椭圆形或卵圆形，平均为2.2微米×1.7微米。

虫体在组织切片中没有鞭毛，可以下列不同阶段存在："侵袭"阶段存在于病变部的边缘地区，大小为8～17微米，呈阿米巴形，可伸出伪足，做变形运动。"营养性"阶段虫体较大，大小为12～21微米，数量增多，成簇的出现在病灶中。第三阶段在陈旧的病灶中虫体已经变性或死亡，虫体较小，嗜伊红。

盲肠中的虫体可进入异刺线虫体内，在其卵巢中产卵于异刺线虫的卵内，随异刺线虫的卵排到外界，组织滴虫的卵有很强的抵抗力，可在环境中存活很长时间。异刺线虫的卵被蚯蚓吞噬，在蚯蚓体内组织滴虫的卵孵化成侵袭性幼虫，当鸡吃到蚯蚓后被感染，因此蚯蚓在组织滴虫病发生中起收集、搬运病原体的作用。

【临床症状和病理特征】 鸡的易感年龄是2周龄～4月龄。潜伏期7～12天或更长。成年鸡多为带虫者而不显症状。本病多为零星散发，发病率难以估计，病程1～3周，死亡率较低，一般不超过3%，也有高达30%的报道。

病鸡精神沉郁，食欲减退，羽毛松乱，两翅下垂，闭目嗜睡。下痢，拉淡黄或淡绿色稀粪，严重者粪便带血，甚至排出大量血液。后期由于血液循环障碍，冠髯暗红，而被称为黑头病。这些症状并无特征性，所以生前不易诊断，死后剖检则很容易确诊。

本病的特征性病变局限在盲肠和肝脏，其他脏器无明显病变。肝脏稍肿大，表面有灰红色或淡黄色圆形或不规则形的坏死灶，坏死灶中央凹陷，周边稍隆起，病灶的直径有时可达1厘米。一侧或两侧盲肠肿大、增粗，肠腔内充满干燥坚硬的干酪样坏死物，坏死物的横断面呈轮层状，中心是黑红色的凝血块，外包灰白色的干酪样坏死物。黏膜发生坏死性炎症，有时坏死可波及肌层和浆膜，甚至引起穿孔，发生腹膜炎和肠管粘连。

【诊断要点】　病鸡生长缓慢，羽毛松乱，下痢、粪便呈灰黄色或绿色，糊状有恶臭，有些病鸡排血便。冠和肉髯暗红。根据病理变化和临床特征很容易建立诊断。

【防治措施】　加强卫生管理，特别注意清除鸡场内的蚯蚓和节肢昆虫等。加强鸡粪管理，消灭异刺线虫和虫卵。药物治疗可用痢特灵0.04%拌料，连用7天。二甲硝咪唑0.06%～0.08%拌料，连用7天。灭滴灵0.02%拌料，连用7天。驱除异刺线虫可用左旋咪唑，小鸡1片（25毫克），大鸡2片（50毫克），一次喂服。

【注意事项】　一般情况下，根据本病特征性病理变化便可作出诊断，如并发球虫病、沙门氏菌病、曲霉菌病或上消化道毛滴虫病时必须进行实验室诊断才可确诊。

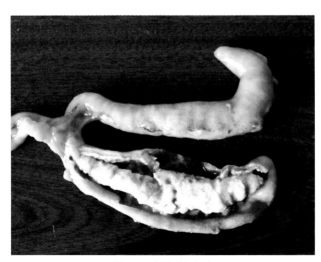

图235　组织滴虫病
盲肠内充满粪便和坏死物形成的肠芯，肠黏膜出血、溃烂。（王新华）

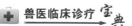
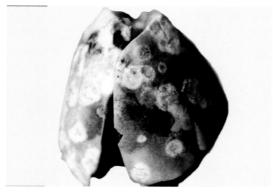

图236 组织滴虫病

　　肝脏中的坏死灶，圆形中央凹陷，周边隆起。（王新华）

图237 组织滴虫病

　　肝脏中有大量坏死灶，圆形中央凹陷，周边隆起。（王新华）

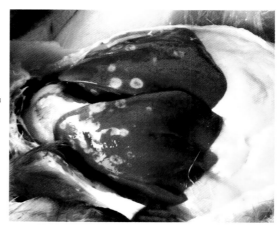

图238 组织滴虫病

　　盲肠肌层分离，其间有大量虫体和增生的细胞（HE×400）。（陈怀涛）

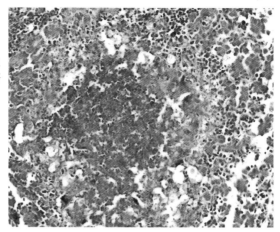

图239 组织滴虫病

　　肝脏坏死灶周围是异物巨细胞、上皮样细胞和虫体等（HE×400）。（陈怀涛）

禽前殖吸虫病

　　前殖吸虫病又称蛋蛭病，是由前殖吸虫寄生于鸡的直肠、输卵管、法氏囊、泄殖腔而引起的一种寄生虫病。以输卵管炎、产蛋机能紊乱为特征。

　　前殖吸虫在我国流行多年，尤其是南方更为多见。因需中间宿主蜻蜓而发生于放牧的鸡群。

　　【病原】 禽前殖吸虫病的病原体为前殖科前殖属前殖吸虫，殖属吸虫目前发现的有14种，可引起输卵管炎的有8种，其中危害较大的有卵圆前殖吸虫、楔形前殖吸虫、透明前殖吸虫、鸭前殖吸虫等。

　　前殖属虫体呈鲜红色或棕红色，口吸盘位于虫体前端，腹吸盘在肠管分叉之后。两个椭圆或卵圆形睾丸，左右并列于虫体中部两侧。卵巢分叶，子宫有下行支和上行支。生殖孔开口于虫体前端口吸盘左侧。虫卵呈棕褐色，椭圆形，一端有卵盖，另一端有一小突起，内含一个胚细胞和许多卵黄细胞。

　　卵圆前殖吸虫：虫体呈前端较尖后端宽大的梨形，鲜红色或棕红色。大小为（2.3～6.1）毫米×（1.2～2.4）毫米。虫卵大小为（23～25）微米×（12～14）微米。

　　楔形前殖吸虫：虫体呈前端较尖后端宽大的梨形，鲜红色或棕红色。大小为（2.89 ～ 7.25）毫米 ×（1.70 ～ 3.65）毫米。虫卵大小为（23 ～ 24）微米 ×（12 ～ 13）微米。

透明前殖吸虫：虫体呈梨形，大小为（6.5 ～ 8.2）毫米 ×（2.5 ～ 4.2）毫米。虫卵大小为（26 ～ 32）微米 ×（10 ～ 15）微米。

鸭前殖吸虫：虫体呈梨形或卵圆形，大小为（3.85 ～ 6.20）毫米 ×（1.83 ～ 3.58）毫米。虫卵大小为（27 ～ 36）微米 ×（20 ～ 26）微米。

前殖吸虫的生活史需要两个中间宿主，第一中间宿主是淡水螺；第二中间宿主是蜻蜓的幼虫和成虫。成虫在寄生部位（直肠、输卵管、法氏囊、泄殖腔）产卵后，虫卵随粪便进入水内被淡水螺吞食，在淡水螺体内依次发育为毛蚴、胞蚴和尾蚴，尾蚴自螺体内逸出在水中进入蜻蜓幼虫，并发育成囊蚴，囊蚴在蜻蜓幼虫或成虫体内长期保持活力，当鸡摄食了蜻蜓幼虫或成虫，囊蚴即进入鸡体内并发育成童虫，童虫运行到泄殖腔、输卵管及法氏囊等处寄生，并发育成成虫。

【临床症状和病理特征】　发病初期食欲、产蛋正常，但蛋壳变软变薄，随之产蛋量下降，畸形蛋、软壳蛋、无壳蛋增加，病情继续发展，患鸡出现食欲减退、消瘦、精神不振、产蛋停止，有时从泄殖腔中排出石灰水样液体，并可见腹部膨大，肛门潮红突出。后期体温升高，饮欲增加，严重者甚至死亡。

输卵管黏膜增厚、充血、发炎或出血。管壁上可找到虫体，管内有渗出物和卵物质。部分因炎症加剧造成输卵管破裂，并继发卵黄性腹膜炎。

【诊断要点】　根据流行季节、症状、病理特征可以做出诊断；必要时取新鲜粪便进行虫卵检查。

【防治措施】

1.粪便堆积发酵，杀灭虫卵，避免活虫卵进入水中。

2.发病时可按以下方案治疗：丙硫苯咪唑每千克体重10 ～ 20毫克，一次口服给药或拌入饲料中；吡喹酮每千克体重30 ～ 50毫克，一次内服；硫双二氯酚按每千克体重200毫克，一次口服，或拌入饲料中。

【注意事项】　注意与传染性支气管炎、产蛋下降综合征、新城疫、禽流感、大肠杆菌病等疾病区别。

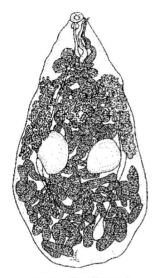

图240　卵圆前殖吸虫

（黄兵、沈杰，《中国畜禽寄生虫形态分类图谱》，2006 年）

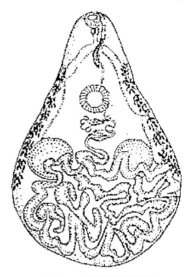

图241　楔形前殖吸虫

（黄兵、沈杰，《中国畜禽寄生虫形态分类图谱》，2006 年）

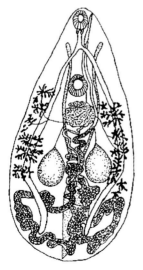

图242　透明前殖吸虫

（黄兵、沈杰，《中国畜禽寄生虫形态分类图谱》，2006 年）

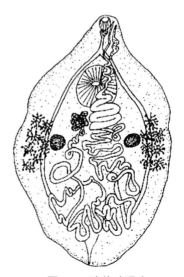

图243　鸭前殖吸虫

（黄兵、沈杰，《中国畜禽寄生虫形态分类图谱》，2006 年）

维生素A缺乏症

　　维生素A缺乏症是由于饲料中缺乏维生素A引起的营养代谢性疾病。以分泌上皮（眼结膜、气管、食管黏膜）和角膜角质化、夜盲症、干眼病、生长停滞等为特征。

　　【病因】　禽类不能合成维生素A，必须从饲料中获得维生素A或类胡萝卜素。由于供给不足或需要量增加，如果饲料中维生素A含量不足或缺乏可引起缺乏症；维生素A性质不稳定，非常容易失活，饲料加工工艺条件不当、存放时间过长、发霉、烈日曝晒等都可造成维生素A和类胡萝卜素损坏，脂肪酸败变质也能加速其氧化分解过程，也会导致维生素A缺乏；日粮中蛋白质和脂肪不足，不能合成足够的视黄醛结合蛋白质运送维生素A，脂肪不足会影响维生素A类物质在肠中的溶解和吸收。胃肠道疾病吸收障碍，发生腹泻，或肝胆疾病影响饲料维生素A的吸收、利用及储藏。以上原因均可导致维生素A缺乏症。

　　饲料中维生素A的含量可以通过饲料分析化验进行检测。

　　【临床症状和病理特征】　雏鸡和初开产的母鸡常易发生维生素A缺乏症。雏鸡一般发生在1～7周龄，若1周龄的鸡发病，则与母鸡缺乏维生素A有关。其症状特点为厌食，生长停滞，消瘦，倦睡，衰弱，羽毛松乱，运动失调，瘫痪，不能站立。喙和腿部黄色消褪，冠和肉垂苍白。病程超过一周仍存活的鸡，眼睑发炎或粘连，鼻孔和眼睛流出黏性分泌物，眼睑不久即肿胀，结膜囊内蓄积有干酪样的渗出物，角膜混浊不透明，严重者角膜软化或穿孔失明。口黏膜有白色小结节或覆盖一层白色的豆腐渣样的薄膜，但剥离后黏膜完整无出血、溃疡现象。食道黏膜上皮增生和角质化。部分雏鸡受到刺激后发生阵发性神经症状，出现头颈扭转、转圈或后退、惊叫等。

　　成年鸡通常在缺乏维生素A 2～5个月内出现症状，一般呈慢性经过。轻度缺乏维生素A时鸡的生长、产蛋、种蛋孵化率及抗病力受到一定影响，往往不易被察觉，使养鸡生产在不知不觉中受到损失。严重缺乏维生素A的患鸡食欲不振、消瘦、精神沉郁、鼻孔和眼睛常有水样液体排出，眼睑常常黏合在一起，严重时可见眼内有灰白色干酪样物质，角膜混浊灰白色，发生软化甚至穿孔，最后失明。鼻腔蓄积大量黏稠鼻液，呼吸困难。呼吸道和消化道黏膜抵抗力降低，易诱发传染病。继发或并发家禽痛风或骨骼发育障碍，出现运动无力、两腿瘫痪，偶有神经症状，运动缺乏灵活性。鸡冠白，有皱褶，爪、喙色淡。母鸡产蛋量和孵化率降低，公鸡繁殖力下降，精液品质降低，受精率低。

　　病理特征　剖检可见口腔、咽、食管黏膜上皮角质化脱落，黏膜有小脓疱样病变，破溃后形成小的溃疡。支气管黏膜可能覆盖一层很薄的假膜。结膜囊或鼻窦肿胀，内有黏性的或干酪样的渗出物。严重时肾脏中有灰白色尿酸盐沉积。心包、肝、脾表面也有尿酸盐沉积。

　　【诊断要点】　雏鸡精神沉郁、食欲不振、生长缓慢、羽毛松乱，喙和腿部皮肤褪色，眼睛流泪，结膜囊内有灰白色干酪样物，角膜混浊、穿孔或失明，有时有神经症状。成鸡消瘦贫血，生长缓慢，羽毛松乱，鸡冠萎缩，趾爪蜷缩，不能站立，常以跗关节着地，眼鼻流出浆液或黏液性分泌物。口腔、咽、食管等处黏膜散在灰白色小米大小结节或脓疱，或覆盖一层豆腐渣样物质，鼻腔充满灰白色黏液，有时面部肿胀。肾脏中有灰白色尿酸盐。根据症状、病理变化和饲料化验分析可建立诊断。

图244　鸡维生素A缺乏症

　　病鸡角膜混浊，灰白色，眼角内有灰白干酪样物质。（王新华）

图245　鸡维生素A缺乏症

　　鼻腔蓄积大量灰黄色黏稠鼻液。（王新华）

图246　鸡维生素A缺乏症

食管等处黏膜散在灰白色小米大小结节或脓疱。（王新华）

【防治措施】　饲喂全价饲料；不使用过期饲料；一旦发病应立即对病鸡投喂正常剂量10～20倍的维生素A或投喂鱼肝油，每只鸡每天1～2毫升；对大群鸡每千克饲料中拌入2 000～5 000国际单位的维生素A。短期内给予大剂量维生素A对急性病例疗效迅速、安全，但对慢性病例不可能完全恢复。

【注意事项】　由于维生素A不易从体内迅速排出，长期大剂量使用可能发生中毒。

维生素D-钙磷缺乏症

维生素D-钙磷缺乏症是由于饲料中维生素D不足或钙磷比例不合理、日光照射不足、消化功能障碍以及患有肝、肾疾病等，导致维生素D和钙磷供应不足、吸收障碍、不能利用而引发缺乏症。缺乏时可引起骨组织和蛋壳变化。

【病因】　由于饲料中维生素D含量不足，或钙磷比例不合理，或光照不足，或由于疾病引起维生素D和钙磷吸收障碍等均引起发病。

【临床症状和病理特征】　本病通常在2～3周龄时出现症状，最早可在10～11日龄发病，一般在1个月左右出现症状。雏禽维生素D缺乏可导致骨软症或佝偻症，病鸡生长缓慢，行走吃力，长骨、喙、爪等变得柔软，肋骨弯曲与胸椎接触处呈球状膨大，龙骨弯曲；产蛋鸡维生素D缺乏可引发笼养疲劳症，病鸡不能站立，产蛋减少，蛋壳变薄变脆破蛋增多，龙骨弯曲股骨容易骨折。

　　病禽肋骨弯曲与胸椎接触处呈球状膨大，形成佝偻珠，龙骨弯曲；长骨骺生长板增生带的增生细胞极向紊乱；海绵骨类骨组织大量增生，包绕骨小梁；哈佛氏管内面类骨组织增生，致使哈佛氏管骨板断裂消失。

　　【诊断要点】　根据临床症状和病理变化，可初步得出诊断，必要时进行饲料营养成分化验。

　　【防治措施】

　　1.饲喂全价饲料，保证足够的维生素D。

　　2.分析饲料钙磷比例及时调整。

　　3.增加光照时间。

　　4.治疗消化道和肝肾疾病，提高维生素D的吸收利用率。

　　5.发病时可一次大剂量投服维生素D 15 000国际单位，收效较快。也可使用维生素AD_3粉或鱼肝油。

　　【注意事项】　长期大剂量使用维生素D可能引起中毒，应予注意。

图247　维生素D-钙磷缺乏症

　　雏鸭喙变软可以随意弯曲。（崔恒敏）

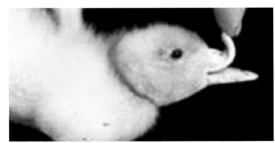

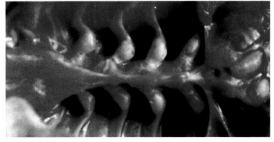

图248　维生素D-钙磷缺乏症

　　病雏肋骨弯曲，与胸椎接触处呈球状膨大。（刘晨等，《实用禽病图谱》，1992年）

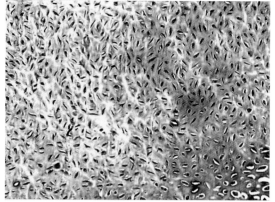

图249 维生素D-钙磷缺乏症

病鸡长骨骺生长板增生带的增生细胞极向紊乱（HE×400）。（崔恒敏）

图250 维生素D-钙磷缺乏症

病鸡长干骺端海绵骨类骨组织大量增生包绕骨小梁（HE×100）。（崔恒敏）

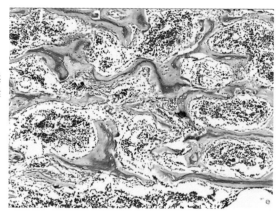

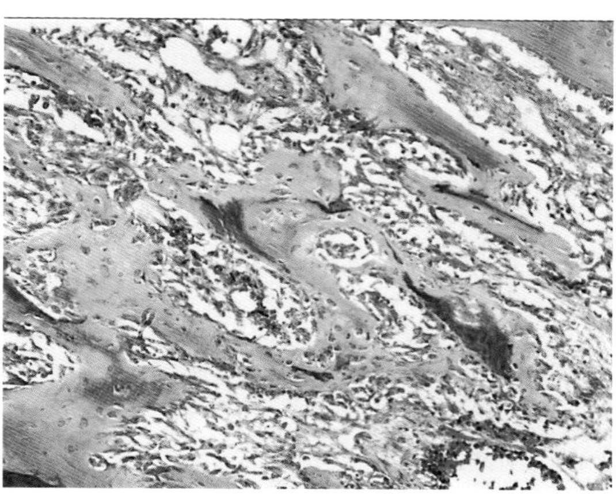

图251 维生素D-钙磷缺乏症

病鸡长干骺端海绵骨类骨组织大量增生形成类骨小梁（HE×100）。（崔恒敏）

图252 维生素D-钙磷缺乏症

增生的破骨细胞呈团状分布于增生的结缔组织中（HE×100）。（崔恒敏）

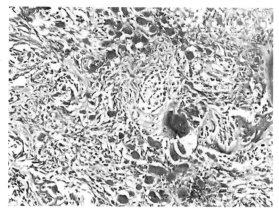

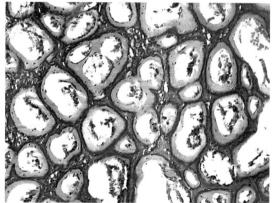

图253 维生素D-钙磷缺乏症

哈佛氏管内面类骨组织增生（HE×100）。（崔恒敏）

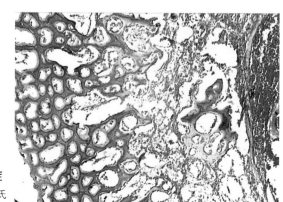

图254 维生素D-钙磷缺乏症

类骨结缔组织增生致使哈佛氏管骨板断裂（HE×40）。（崔恒敏）

维生素B₁缺乏症

维生素B$_1$（硫胺素）缺乏症，是由于加工处理不当使硫胺素遭到破坏或饲粮中含有硫胺素颉颃物质，导致维生素B$_1$缺乏的一种病症。硫胺素分子中含硫和氨基，是碳水化合物代谢所必需的物质。维生素B$_1$缺乏引起糖代谢障碍，能量供给不足，且导致α-酮酸（丙酮酸、α-酮戊二酸）氧化脱羧机能障碍，产生多量丙酮酸的蓄积而对神经系统造成损害，发生多发性神经炎、厌食和死亡。各种禽类均可发病，但以水禽发病较多。

【病因】 大多数常用饲料中硫胺素均很丰富，特别是禾谷类籽实的加工副产品，糠麸以及饲用酵母中维生素B$_1$的含量可达每千克7～16毫克。植物性蛋白质饲料中每千克含3～9毫克。所以家禽日粮中都能含有丰富的维生素B$_1$，无须给予补充。然而，家禽仍有硫胺素缺乏症发生，其主要病因是由于饲料中硫胺素遭受破坏所致。水禽或家禽大量吃进新鲜鱼、虾和软体动物内脏，它们含有硫胺酶，能破坏硫胺素而造成硫胺素缺乏症。饲料被蒸煮加热、碱化处理也能破坏硫胺素。另外，饲粮中含有硫胺素颉颃物质而使硫胺素缺乏，如饲粮中含有蕨类植物、球虫抑制剂氨丙啉、某些植物、真菌、细菌产生的颉颃物质，均可能使硫胺素缺乏致病。

【临床症状和病理特征】 病鸡少食或停食，腿无力、步态不稳。羽毛蓬松，鸡冠呈蓝紫色。继而发生多发性神经炎，肌肉痉挛或麻痹，首先表现脚爪的屈肌麻痹。继之蔓延到腿、翅、颈部和腿肌，并发生痉挛。由于腿部麻痹，不能站立和行走，常将躯体"坐"在自己曲屈的双腿上，头颈弯向背部，呈特征性的观星姿势或角弓反张，最后倒地，抽搐而死。

病鸭倒向一侧，或仰头转圈，或全身抽搐或角弓反张而死。

因硫胺素缺乏症死亡的雏鸡皮肤呈广泛性水肿，其水肿的程度决定于肾上腺的肥大程度。肾上腺肥大，雌禽比雄禽的更为明显，肾上腺皮质部的肥大比髓质部更大一些。肥大的肾上腺内的肾上腺素含量也增加。死雏的生殖器官却呈现萎缩，睾丸比卵巢的萎缩更明显。心脏轻度萎缩，右心可能扩大，心房比心室较易受害。肉眼可观察到胃和肠壁的萎缩，而十二指肠的肠腺却变得扩张。

在显微镜下观察，十二指肠肠腺的上皮细胞有丝分裂明显减少，后期黏膜上皮消失，只留下一个结缔组织的框架。在肿大的肠腺内积集坏死细胞和细胞碎片。胰腺的外分泌细胞的胞浆呈现空泡化，并有透明体形成。这些变化认为是由于细胞缺氧，致使线粒体损害所造成的。

【诊断要点】 根据家禽发病日龄、流行病学特点、饲料维生素 B_1 缺乏、多发性外周神经炎等特征症状和病理变化即可作出诊断。

在生产实际中，应用诊断性的治疗，即给予足够量的维生素 B_1 后，可见到明显的疗效。

根据维生素 B_1 的氧化产物是一种称为硫色素的具有蓝色荧光的物质，荧光强度与维生素 B_1 含量成正比，可用荧光法定量测定，测定病禽的血、尿、组织，以及饲料中硫胺素的含量。以达到确切诊断和监测预报本病的目的。

【防治措施】

1.注意日粮配合，添加富含维生素 B_1 的糠麸、青绿饲料或添加维生素 B_1，日粮中水生动物性饲料不宜过多（水禽尤要注意）。

2.种禽应检测血液中丙酮酸的含量，以免影响种蛋的孵化率。

3.某些药物（抗生素、磺胺药、抗球虫药等）是维生素 B_1 的颉颃剂，不宜长期使用。

4.炎热天气，注意补充维生素 B_1（因需求量高）。

5.发病后双倍量添加维生素 B_1 片剂或粉剂，并向日粮中添加复合维生素 B_1。对神经症状明显的可肌内注射维生素 B_1 针剂，雏禽每次1毫克，成禽每次5毫克，每天1～2次，连用3～5天。

【注意事项】 注意与新城疫、传染性脑脊髓炎区别。

图255　维生素 B_1 缺乏症
病鸡出现"观星"症状。（崔恒敏）

维生素B$_2$缺乏症

维生素B$_2$缺乏症，又名蜷趾麻痹症、核黄素缺乏症。由于维生素B$_2$缺乏导致以物质代谢中的生物氧化机能障碍为特征的疾病。多发生于雏禽。

【病因】 禽类对维生素B$_2$的需求量大于维生素B$_1$，而在谷类籽实和糠麸里维生素B$_2$的含量又低于维生素B$_1$，日粮中不添加维生素B$_2$可导致其含量不足；饲料发霉变质导致维生素B$_2$被破坏；白色来航鸡的维生素B$_2$缺乏症与遗传因素有关。胃肠道疾病时影响核黄素的转化和吸收。长期饲喂谷类饲料、高脂肪、低蛋白饲料容易造成核黄素缺乏，另外饲料被紫外线照射或其中含有碱和重金属时也可破坏核黄素，而引起维生素B$_2$缺乏症。

【临床症状和病理特征】 雏鸡喂饲缺乏核黄素日粮后，多在1～2周龄发生腹泻，食欲尚良好，但生长缓慢，消瘦衰弱、贫血，羽毛粗糙，背部脱毛，皮肤干而粗糙。有结膜炎和角膜炎。其特征性的症状是足趾向内蜷曲，不能行走，以跗关节着地，展开翅膀维持身体的平衡，两腿发生瘫痪。腿部肌肉萎缩和松弛，皮肤干而粗糙。病雏吃不到食物而饿死。

育成鸡病至后期，两腿分开而卧，瘫痪。母鸡的产蛋量下降，蛋白稀薄，蛋的孵化率降低。如果母鸡日粮中核黄素的含量低，其所生的蛋和出壳雏鸡的核黄素含量也就低。核黄素是胚胎正常发育和孵化所必需的物质。种鸡缺乏维生素B$_2$可见有死胚，颈部弯曲，躯体短小，关节变形，脚趾蜷曲，水肿、贫血和肾脏变性，卵黄吸收慢等病理变化。有时也能孵出雏，但多数带有先天性麻痹症状，体小、浮肿。

病死雏鸡胃肠道黏膜萎缩，肠壁变薄，肠内充满泡沫状内容物。有些病例胸腺充血和成熟前期萎缩。病死成年鸡的坐骨神经和臂神经显著肿大和变软，尤其是坐骨神经的变化更为显著，其直径比正常大4～5倍。

受损的神经组织学变化，表现为外周神经干髓鞘变性。可能伴有轴索肿胀和断裂，神经鞘细胞增生，髓磷脂（白质）变性，神经胶瘤病，染色质溶解。

另外，病死的产蛋鸡有肝脏增大和脂肪量增多现象。

【诊断要点】 根据脚趾向内弯曲的"卷趾"，严重时呈"劈叉"姿势等症状和坐骨神经肿大，灰白色。外周神经雪旺氏细胞肿大、脱髓鞘、轴突变性崩解可作出诊断。

【防治措施】 注意日粮配合，添加蚕蛹、啤酒酵母、脱脂乳、三叶草等富含维生素B$_2$的饲料。白色来航鸡要多添加。发病后添加2～3倍于正常量的维生素B$_2$片剂或粉剂，并注意添加复合维生素B。严重的病例肌内注射维生素B$_2$针剂，成鸡每只10毫克、雏鸡每只5毫克或日粮中添加核黄素20毫克/千克，连用1～2周可见效。喂高脂肪、低蛋白饲料时核黄素要增量，低温时要增加，种鸡用量应增加。

【注意事项】 注意与马立克氏病区别。

图256　维生素B$_2$缺乏症
病雏脚趾向内弯曲的"卷趾"症状。（王雯慧）

图257　维生素B$_2$缺乏症
病鸡呈现脚趾向内弯曲的"卷趾"症状。（崔恒敏）

图258　维生素B$_2$缺乏症

　　坐骨神经肿大，灰白色。左为正常对照。（王雯慧）

图259　维生素B$_2$缺乏症

　　外周神经雪旺氏细胞肿大、脱髓鞘、轴突变性崩解（HE×100）。（王雯慧）

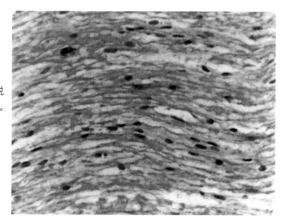

维生素E缺乏症

　　由于饲料中维生素E的含量不足或长期存放使维生素E被破坏，或饲料中含有维生素E的颉颃物质，可能导致维生素E缺乏症。维生素E缺乏症是以脑软化症、渗出性素质、白肌病和成禽繁殖障碍为特征的营养缺乏性疾病。

　　【病因】

　　1.饲料中维生素E含量不足。如配方不当或加工失误的情况下，常会发生。

　　2.饲料中维生素E被氧化破坏。如矿物质、不饱和脂肪酸、饲料酵母曲、硫酸胺制剂等颉颃物质可使维生素E氧化。籽实饲料一般条件下保存6个月维生素E损失30%～50%。

3.维生素A、维生素B族、硒等其他营养成分的缺乏或不足时也会发生维生素E缺乏症。

【临床症状和病理特征】 维生素E缺乏时成年鸡的产蛋率和种蛋孵化率降低，公鸡精子形成不全，繁殖力下降，受精率低。弱雏增多。

雏鸡发病时出现站立不稳，脐带愈合不良及曲颈、头插向两腿之间等神经症状。

维生素E缺乏可引起脑软化症，多发生于3～6周龄的雏鸡，发病后表现为精神沉郁，共济失调，头向后或向下弯曲痉挛，身体常倒向一侧，瘫痪等神经症状。

维生素E和硒同时缺乏时，雏鸡会表现渗出性素质，病鸡翅膀、颈、胸、腹部等部位呈蓝绿水肿。两腿向外岔开站立。

维生素E和含硫氨基酸同时缺乏，则表现为白肌病，胸肌和腿肌色浅，苍白，有白色条纹，肌肉松弛无力，消化不良，运动失调，贫血等。

脑软化可见于小脑，脑水肿，脑膜有出血点和坏死灶，坏死灶呈灰白色斑点。

渗出性素质时病鸡的翅、胸、颈等部位水肿，腹部皮下呈蓝绿色冻胶样水肿。

白肌病时表现为胸肌和腿肌色浅苍白，有白色条纹。心肌色淡变白。肝脏肿大。

【诊断要点】 根据临床症状和病理特征基本可以确诊，必要时检验饲料中维生素E含量。

【防治措施】

1.饲料中添加足量的维生素E，鸡每千克日粮应含有10～15国际单位，鹌鹑为15～20国际单位。

2.饲料中添加抗氧化剂，防止饲料贮存时间过长，或受到无机盐、不饱和脂肪酸所氧化及拮抗物质的破坏。饲料的硒含量应为0.25毫克/千克。

3.临床实践中，脑软化、渗出性素质和白肌病常交织在一起，若不及时治疗可造成急性死亡。通常每千克饲料中加维生素E 20国际单位，连用两周，可在用维生素E的同时用硒制剂。渗出性素质病时每只禽可以肌内注射0.1%亚硒酸钠生理盐水0.05毫升。白肌病每千克饲料再加入亚硒酸钠0.2毫克，蛋氨酸2～3克可收到良好疗效。脑软化症可用维生素E油或胶囊治疗，每只鸡一次喂250～350国际单位。饮水中供给速溶多维。

4.植物油中含有丰富的维生素E，在饲料中混有0.5%的植物油，也可达到治疗本病的效果。

图260　维生素E缺乏症

病雏共济失调，不能站立，倒向一侧。（刘晨）

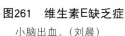

图261　维生素E缺乏症

小脑出血。（刘晨）

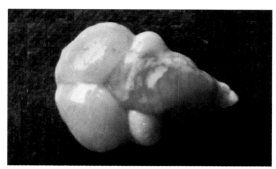

图262　维生素E缺乏症

病鸡腿部皮下充血、出血，积有多量淡黄绿色胶冻样液体。（崔恒敏）

图263 维生素E缺乏症

病鸡胸部皮下积有多量淡黄色胶冻样液体。（崔恒敏）

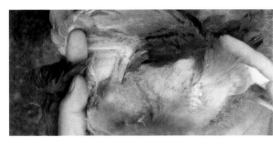

图264 维生素E缺乏症

病鸡腹部皮下积有淡蓝色液体。（崔恒敏）

图265 维生素E缺乏症

鸡缺硒，胰腺显著萎缩。（崔恒敏）

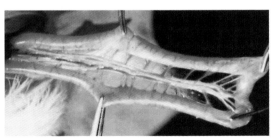

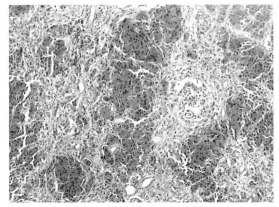

图266 维生素E缺乏症

鸡缺硒，胰腺腺泡发生凝固性坏死，间质纤维组织增生（HE×100）。（崔恒敏）

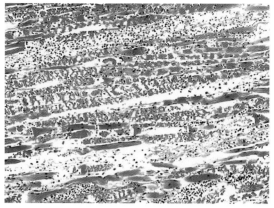

图267　维生素E缺乏症

病鸡骨骼肌纤维肿胀、断裂，肌浆均质红染（HE×100）。（崔恒敏）

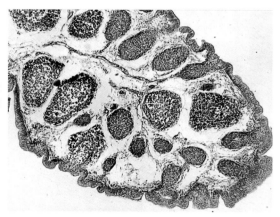

图268　维生素E缺乏症

法氏囊滤泡中淋巴细胞显著减少，网状细胞大量增生，间质水肿（HE×100）。（崔恒敏）

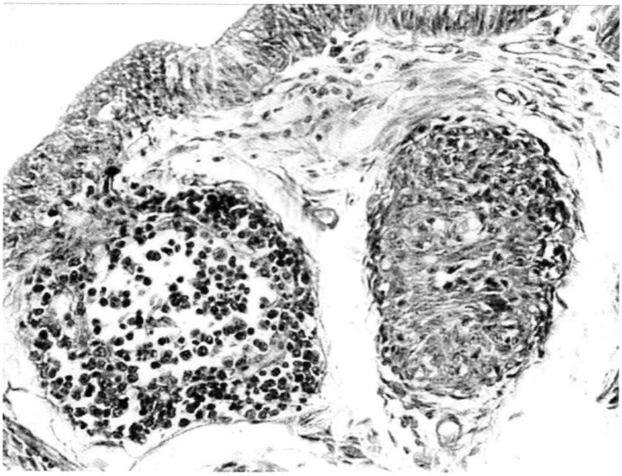

图269　维生素E缺乏症

法氏囊滤泡中淋巴细胞显著减少，网状细胞大量增生（HE×400）。（崔恒敏）

【注意事项】 亚硒酸钠用量不可过大，以防中毒。已发生脑软化的病鸡难以恢复。

硒 缺 乏 症

硒缺乏症是由于饲料中硒含量的不足与缺乏所致。硒是家禽必需的微量元素，它是体内某些酶、维生素以及某些组织成分不可缺少的元素，为家禽生长、生育和防止许多疾病所必需，缺乏时可引起家禽营养性肌营养不良、渗出性素质、胰腺变性，硒和维生素E对预防小鸡脑软化、火鸡肌胃变性有着相互补充的作用。

【病因】 主要是由于饲料中硒含量的不足与缺乏。一般认为饲料中适宜含硒量为 1×10^{-7}（0.1毫克/千克），如果低于0.05毫克/千克便可引起不同程度的发病。另外，饲料中含铜、锌、砷、汞、镉等颉颃元素过多，均能影响硒的吸收，促使发病。

在生产实践中较为多见的是微量元素硒和维生素E的共同缺乏所引起的维生素E-硒缺乏症。

【临床症状和病理特征】 本病在雏鸡、雏鸭、雏火鸡均可发生。临诊特征为渗出性素质、肌营养不良（白肌病）、胰腺变性和脑软化。

渗出性素质常在2～3周龄的雏鸡开始发病，到3～6周龄时发病率高达80%～90%。雏鸡白肌病经常与渗出性素质同时存在。少数急性病鸡常不表现明显症状即突然死亡。多数病雏表现精神不振，减食，呆立，体温正常或稍低，运动障碍，腿向两侧分开，有的以跗关节着地行走，倒地后难以站立。随着病情发展，病禽缩颈、垂翅、蓬羽、白冠，腿后伸，胸部着地。头、颈、胸、腹、翅下及腿部出现水肿，皮肤呈蓝绿色，穿刺有黄白色胶冻样或蓝绿色水肿液流出。在后期，病禽瘫倒不起，很快衰竭死亡。40日龄左右的肉鸡由于生长速度加快，鸡营养的要求增加，如果饲料中缺硒，则以个体大的鸡最先出现症状。病初，驱赶病鸡表现类似鹅低头前进的步伐，俗称鹅样步伐，尤其是在给大群鸡喂料时，从远处就可看到"鹅样步伐"的鸡缓慢向料筒行进，这种症状有助于诊断。成年鸡常无明显症状，但种蛋孵化率降低，常有死胚。公鸡睾丸有退行性变化，生殖能力降低。有的鸡也可见到渗出性素质症。多呈急性经过，重症病雏可于3～4天死亡，病程最长的可达1～2周。

白肌病（肌营养不良）多发于4周龄左右的雏禽，当维生素E和含硫氨基酸同时缺乏时，可发生肌营养不良。表现全身衰弱，运动失调，无法站立。可造成大批死亡。一般认为单一的维生素E缺乏时，以脑软化症为主；在维生素E和硒同时缺乏时，以渗出性素质为主；而在维生素E、硒和含硫氨基酸同时缺乏时，以白肌病为主。雏鸭维生素E缺乏主要表现为白肌病。成年公鸡可因睾丸退化变性而生殖机能减退。母鸡所产的蛋受精率和孵化率降低；胚胎常于4～7日龄开始死亡。

脑软化症 在7～56日龄内均可发生，但多发于15～30日龄，表现为以运动失调或全身麻痹为特征的神经功能失常。主要表现共济失调，头向后方或下方弯曲或向一侧扭曲，向前冲，两腿呈有节律的痉挛（急促地收缩与放松交替发生），但翅和腿并不完全麻痹。最后衰竭而死。

病理特征与维生素E缺乏相同。

【诊断要点】 根据地方缺硒病史、流行病学、饲料分析、特征性的临诊症状和病理变化，以及用硒制剂防治可得到良好效果等作出诊断。

【防治措施】 本病以预防为主，在雏禽日粮中添加0.1～0.2毫克／千克的亚硒酸钠和每千克饲料中加入20毫克维生素E。注意要把添加量算准，搅拌均匀，防止中毒。

在治疗时，并用0.005％亚硒酸钠溶液皮下或肌内注射，雏禽0.1～0.3毫升，成年家禽1.0毫升。或者配制成每升水含0.1～1毫克的亚硒酸钠溶液饮水，5～7天为一个疗程。对小鸡脑软化的病例必须以维生素E为主进行防治；对渗出性素质、肌营养性不良等缺硒症则要以硒制剂为主进行防治，效果好又经济。

有些缺硒地区曾经给玉米叶面喷洒亚硒酸钠，测定喷洒后的玉米和秸秆，硒含量显著提高，并进行动物饲喂试验取得了良好的预防效果。

【注意事项】 硒是剧毒物质，补硒时严格掌握用量，防止中毒。

图270　硒缺乏症

病雏共济失调，出现仰卧、侧卧、仰头等怪异姿势。（王新华）

锰 缺 乏 症

　　锰缺乏症是由于日粮中锰的含量不足或缺乏导致的代谢性疾病。锰是动物体内必需的微量元素，家禽的需要量相当高。饲料中锰的含量不足或缺乏、机体对锰的吸收或利用障碍都可引起缺乏症，锰缺乏症时腓肠肌腱滑脱，称为滑腱症，骨骼发育不良，翅、腿骨短粗，出现骨短粗症。

　　【病因】　主要原因是日粮中锰含量不足。玉米、大麦的锰含量低，低锰地区生长的植物锰含量也低。不同品种的家禽对锰的需求量不同，重型品种的鸡对锰的需求量高。饲料中钙、磷、铁含量过高可影响机体对锰的吸收、利用。高磷酸钙日粮由于固体磷酸钙吸附导致可溶性锰减少，加重锰的缺乏。球虫病等肠道疾病时妨碍锰的吸收。鸡群密度过大可诱发锰缺乏症。

　　【临床症状和病理特征】　各种年龄的禽都可发生，但以2～4周龄的雏鸡、雏鸭多发，成年鸡也可发生。种鸡锰缺乏时产蛋量下降，种蛋的孵化率降低，部分胚胎在即将出壳时死亡，胚体矮小，骨骼发育不良，翅、腿短粗，头呈圆球状，喙短而弯曲呈鹦鹉嘴样。

　　幼禽缺锰时生长发育停滞，出现骨短粗症，胫跗关节增大。特征性症状是一腿抬起向外侧或向前弯曲，呈现异常姿势。严重时家禽不能站立，无法采食，饥饿死亡或被同类践踏死亡。

剖检病雏可见一侧或两侧腓肠肌腱从跗关节腱槽中向外或向内侧滑脱。严重时管状骨短粗、弯曲,骨骺肥厚,骨板变薄。

【诊断要点】 根据症状和病理特征基本可以确诊,必要时进行饲料化验。

【防治措施】

1.合理搭配日粮,适量添加含锰量较高的糠麸(米糠中含锰300毫克/千克)、小麦等,禽饲料锰的参考值为:每千克饲料中鸡45～60毫克,鸭50毫克,火鸡70毫克。

2.为防止锰缺乏症可于饲料中添加硫酸锰,0.12～0.24克/千克饲料。

3.发病鸡群可饮水补锰,每千克饲料添加0.12～0.24克硫酸锰,连用2～3天,停用2天,再用2天。不可过多使用,以防中毒。或用1:3 000的高锰酸钾溶液饮水,每天更换2～3次,饮2天,停2天,再饮2天,连用1～2周。

4.高浓度的锰可降低血红蛋白和红细胞的压积及肝脏铁离子的水平,导致贫血,影响雏鸡生长。过量锰对钙、磷的利用有不良影响。

【注意事项】 过量补锰可引起中毒,高浓度的锰可导致贫血,影响雏鸡的生长发育。还会影响钙磷的利用。注意与病毒性关节炎、滑液支原体感染区别。

图271　锰缺乏症

病鸡一腿向前抬起。(王新华)

图272　锰缺乏症

病鸡一腿抬起向外翻转。(刘晨,《实用禽病图谱》, 1992年)

图273　锰缺乏症

由于腓肠肌腱滑脱, 病鸡站立时一腿向前外侧伸出呈"稍息"姿势。(王新华)

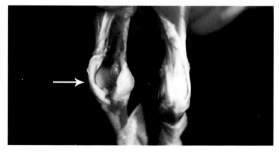

图274　锰缺乏症

病鸡一侧腓肠肌腱向外滑脱。(王新华)

禽铜中毒症

由于饲料中铜含量过高可引起铜中毒, 急性铜中毒较少见, 多是饲料中铜盐含量过高，长期饲喂引起的慢性中毒。

【病因】 主要是自配饲料时计算错误，硫酸铜用量过大，或误将硫酸铜当做硫酸亚铁使用，使饲料中铜含量过大，或粉碎混合不均匀，部分鸡食入过多，或为了防止霉菌中毒在水中添加固体硫酸铜而没有完全溶解，部分鸡啄食硫酸铜颗粒所致。

【临床症状和病理特征】 急性中毒者常突然死亡。慢性中毒时病鸡精神沉郁，闭目缩头，嗜睡，食欲减损或废绝，全身震颤，卧地不起，生长发育缓慢，排黑褐色稀粪。

剖检病鸡可见肌胃角质层增厚、皲裂、糜烂，呈淡绿色；肠腔充有蓝绿色或铜绿色、黑褐色内容物，黏膜肿胀潮红或出血；肝脏肿大，黄褐色或淡黄色。肌肉发育不良呈苍白色。

【诊断要点】 根据胃肠道和肝脏的病变特征，结合饲料、血液和肝铜含量的测定，一般可作出诊断。

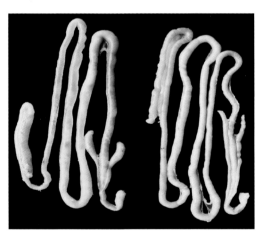

图275 禽铜中毒症

　　肠道充满蓝绿色内容物，肠壁变薄呈半透明。右为正常对照。（崔恒敏）

图276 禽铜中毒症

　　肝脏体积缩小，铜褐色，胆囊肿大充满胆汁。左为正常对照。（崔恒敏）

图277　禽铜中毒症
　　胸肌色泽苍白，发育不良。左为正常对照。（崔恒敏）

图278　禽铜中毒症
　　腿部肌肉发育不良，色泽苍白。左为正常对照。（崔恒敏）

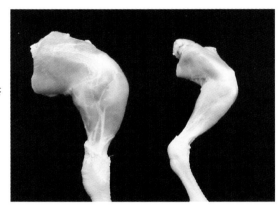

图279　禽铜中毒症
　　淋巴免疫器官（1.胸腺，2.脾脏，3.法氏囊）体积缩小，色泽变淡。下为正常对照。（崔恒敏）

图280　禽铜中毒症

　　雏鸭肌胃角质层增厚、皲裂，淡绿色。左为正常对照。(崔恒敏)

图281　禽铜中毒症

　　雏鸭小肠。黏膜肿胀潮红，其上附着有黑褐色肠内容物。(崔恒敏)

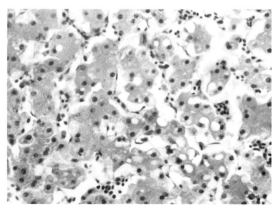

图282　禽铜中毒症

　　雏鸭肝脏。肝细胞变性，有的细胞坏死（HE×330）。(崔恒敏)

图283　禽铜中毒症

　　雏鸭肌胃角质层显著增厚、碎裂，其下黏膜上皮细胞变性坏死（HE×180）。（崔恒敏）

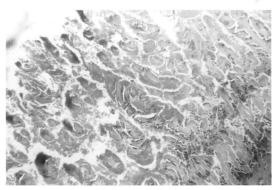

图284　禽铜中毒症

　　雏鸭小肠黏膜上皮细胞变性、坏死脱落，肠绒毛末端坏死（HE×180）。（崔恒敏）

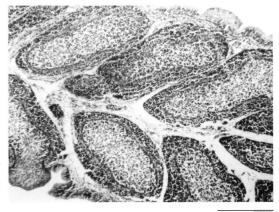

图285　禽铜中毒症

　　雏鸭法氏囊淋巴滤泡髓质扩大，淋巴细胞减少（HE×180）。（崔恒敏）

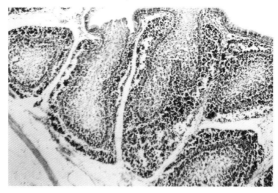

图286 禽铜中毒症

雏鸭法氏囊淋巴滤泡髓质扩大，淋巴细胞减少，网状细胞增生(HE×180)。（崔恒敏）

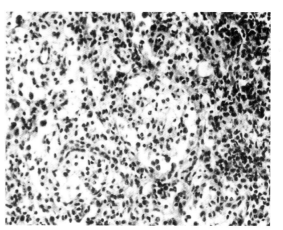

图287 禽铜中毒症

雏鸭脾脏白髓淋巴细胞显著减少(HE×330)。（崔恒敏）

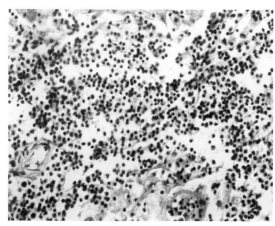

图288 禽铜中毒症

雏鸭胸腺小叶髓质淋巴细胞明显减少（HE×330)。（崔恒敏）

【防治措施】

1.配制饲料时认真计算硫酸铜用量，准确称量，混合均匀。饮水给铜时要充分溶解。

2.发病时应及时调整饲料成分。配制饲料时每100千克饲料添加20克硫酸锌、8克硫酸亚铁可减少中毒概率。慢性铜中毒时可在日粮中添加100毫克钼酸铵、2克硫黄粉，连用数周。

【注意事项】 配制饲料时掌握好铜盐用量，混合均匀。硫酸亚铁与硫酸铜颜色相近注意区分。

磺胺类药物中毒

磺胺类药具有抗菌谱广，性质稳定，便于保存，内服吸收迅速，可以透过血脑屏障，又具有抗原虫作用，价格便宜等优点，因此兽医临床上广泛应用。但是如果不规范使用，用量过大、时间过久，或家禽肝、肾功能不全，或缺乏维生素B族、维生素K等情况下可发生中毒。临床上表现为神经症状、厌食、贫血等，病理特征为广泛出血，肝、肾功能障碍等。

【病因】 磺胺类药物常用于治疗多种细菌性疾病和球虫病，如果用量过大或长期使用可发生中毒。由于当前兽药市场混乱，药品标示含量与实际含量不符，按标示量用药达不到应有效果，用户往往自行加大用量或延长用药时间，这样可能发生中毒，同时可能导致细菌或原虫产生耐药性。另外，药品名称混乱，标示成分与实际也不符合，致使用户多重用药而使磺胺类成分超量，发生中毒；当家禽肝脏或肾脏功能不全时使用磺胺类药，或缺乏维生素B族、维生素K的情况下使用磺胺类药物也可发生中毒；不同品种和年龄对磺胺类药物的敏感性不同，使用时应作相应调整，否则也可能中毒。

【临床症状和病理特征】 磺胺类药物急性中毒时的主要症状是：初期厌食或废食，精神沉郁，随后出现兴奋，惊厥，肌肉震颤，共济失调，呼吸困难，张口喘气，短期内死亡。慢性中毒时表现为厌食，冠髯苍白，羽毛松乱，消瘦，排出灰白色稀粪，产蛋量下降，有破蛋和软蛋，蛋壳粗糙褪色。

病死禽表现为皮下、肌间、心包、心外膜、鼻窦黏膜、眼结膜出血。胸肌、腿肌有弥漫性出血斑点或呈涂刷状出血。肌肉苍白或呈半透明淡黄色。血液稀薄，凝固不良。骨髓变黄。肝脏肿大，瘀血，呈紫红色或土黄色，有少量出血斑点。或有中央凹陷深红色坏死灶，坏死灶周围呈灰白色。肾脏肿大，呈灰白色，肾小管和输尿管内充满尿酸盐，使肾脏呈花纹状（花斑肾）。腺胃肌胃交界处有陈旧出血条纹，腺胃黏膜和肌胃角质膜下有出血斑点。

【诊断要点】 根据症状、病理特征和用药史即可确诊。

【防治措施】

1.用药时注意适应证，掌握好剂量和用药时间，一般磺胺类药物疗程不超过7天。拌料投药时混合要均匀。投药期间要配合等量的碳酸氢钠，同时给以充足的饮水。

2.对1周龄内的雏鸡、体质弱的鸡和开产的鸡慎用磺胺类药。

3.发生中毒时应立即停止给药，供应充足饮水，水中加入1%～5%的碳酸氢钠，同时饲料中添加维生素C（0.5～1.0克／千克）和维生素K_3（0.5毫克／千克），连用5～7天。

【注意事项】 注意与传染性法氏囊病、传染性贫血、禽流感等出血性疾病区别。

图289 磺胺类药物中毒
服用磺胺类抗球虫药引起的急性磺胺中毒，造成青年鸡大批死亡。（王新华）

图290 磺胺类药物中毒
头部骨膜出血呈黑红色。(范国雄)

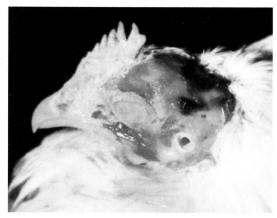

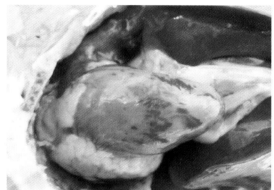

图291 磺胺类药物中毒
心肌呈涂刷状出血。(王新华)

图292 磺胺类药物中毒
腿部肌肉出血。(王新华)

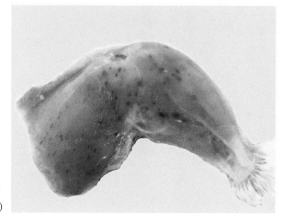

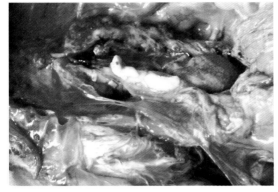

图293 磺胺类药物中毒

　　肾脏肿大，输尿管内有一巨大灰白色尿酸盐结石。（王新华）

图294 磺胺类药物中毒

　　心包内充满尿酸盐。（王新华）

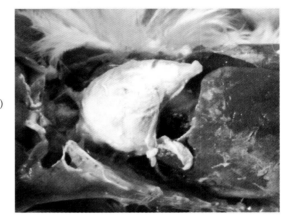

图295 磺胺类药物中毒

　　肝脏和腹膜上多量尿酸盐沉积。（王新华）

喹乙醇中毒

喹乙醇（喹酰胺醇、快育灵、倍育诺），具有抗菌和促生长作用，常用做饲料添加剂，广泛应用。但是其安全范围很小，其纯粉的添加剂量应为0.002 5%～0.003 5%，如超过0.03%即可引起中毒。中毒时可引起血液凝固不良，消化道黏膜糜烂、出血等。

【病因】 发生中毒主要是用量过大或长期应用，或计算错误。有时可能是饲料厂在饲料中已经添加了喹乙醇，养殖户又进行添加。或是混合不均匀而造成中毒。

【临床症状和病理特征】 急性中毒时病鸡表现为突然出现严重的精神沉郁，采食和饮水减少或不吃不喝，动作迟缓，流涎，拉稀粪。有时出现神经症状，兴奋不安，乱跑，鸣叫，呼吸急促，最后抽搐死亡。慢性中毒时表现为拉稀粪，脚软无力，零星死亡。

病鸡冠髯暗红或紫黑色，喙和趾呈紫黑色脱水，眼球下陷。口腔黏膜、肌胃角质膜下有出血斑点，十二指肠黏膜有弥漫性出血，腺胃和肠黏膜糜烂。心外膜有出血点，肝、脾、肾脏肿大，质地脆弱。腿肌、胸肌有出血斑点。

【诊断要点】 根据症状和病理变化，结合用药情况调查或饲料化验可以确诊。

【防治措施】 严格控制喹乙醇用量，市售有原粉和预混剂，预混剂含量为5%。使用时促生长用量为100千克饲料加入原粉2.5～3.5克，5%的预混剂加入50～70克；治疗时100千克饲料加入原粉4～8克。最长使用时间不能超过20天。混合要均匀。也可在饲料中添加氯化胆碱，保护肝、肾，缓解药物的负作用。

一旦发生中毒，立即停止用药和混有药物的饲料。供给5%的硫酸钠水溶液，饮用1～2天，然后供给5%的葡萄糖水或0.5%的碳酸氢钠水及适量的维生素C。

【注意事项】 使用时严格控制剂量，混合均匀，限制使用时间。欧盟已经禁用。

图296　喹乙醇中毒

　　病鸡严重脱水，眼球下陷，喙端呈紫黑色。（王新华）

图297　喹乙醇中毒

　　病鸡趾部呈紫红色。（杜元钊）

链 霉 素 中 毒

　　链霉素中毒多是由于用量过大引起急性中毒，多发生于雏鸡，病雏呼吸困难，惊厥，共济失调，瘫痪和突然死亡。

　　【病因】　链霉素是一种常用的抗生素，多用于预防和治疗鸡白痢、伤寒、副伤寒、禽霍乱、鸡传染性鼻炎、大肠杆菌病等。由于用量过大或配置浓度过高，部分鸡饮用过多或注射剂量过大而发生中毒。

　　【临床症状和病理特征】　小鸡容易发生，注射后数分钟即可发生，小鸡出现站立不稳，鸣叫，阵发性痉挛，抽搐，共济失调，角弓反张，昏厥，迅速倒地死亡。不死的鸡大约半天后恢复正常。

　　剖检可见肺瘀血水肿，舌尖发绀。其他未见明显病理变化。

　　【诊断要点】　根据用药情况和症状容易诊断。

　　【防治措施】　使用链霉素时严格掌握好使用剂量，注射剂量雏鸡

0.2 ～ 2毫克／只，成鸡0.1 ～ 0.2克／只。饮水剂量30 ～ 120毫克／升。已发生中毒时应减少应激，保持安静，加强保温，并饮用葡萄糖和维生素C水溶液。

【注意事项】 严格掌握使用剂量防止中毒。

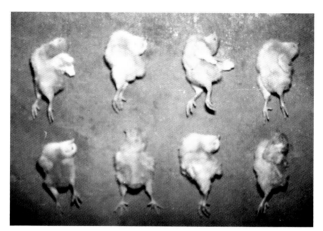

图298 链霉素中毒

雏鸡死亡前呈角弓反张姿势，死后仍然保持角弓反张姿势。（王新华）

庆大霉素、卡那霉素、丁胺卡那霉素中毒

这几种药对大肠杆菌、沙门氏菌、巴氏杆菌、葡萄球菌、支原体等都有较好的作用，临床上十分常用。但是对听神经和肾脏有损害，如用量过大或肾脏本身有损伤时可引起中毒。

【病因】 用量过大或鸡患有痛风、新城疫、禽流感、法氏囊病、传染性支气管炎、维生素A缺乏症等肾脏有损伤的疾病时使用大剂量的药物，可引起中毒。另外药物使用时配伍不当也可加重中毒症状。

【临床症状和病理特征】 中毒时鸡出现突发性昏厥，共济失调，抽搐，瘫痪，猝死。

病死鸡肾脏肿大，色泽苍白，质地脆弱，肾小管和输尿管内有大量尿酸盐，外观呈花斑肾。

【诊断要点】 根据用药情况和发病特点即可确诊。

【防治措施】 控制使用剂量。硫酸庆大霉素20～40毫克／升，即0.02～0.04克／千克水。硫酸卡那霉素90～260毫克／升，即0.09～0.26克／千克水。丁胺卡那霉素15～25毫克／升，即0.015～0.025克／千克水。每天2次，连用3天。

一旦发生中毒要立即停止给药，供给大量清洁饮水，并在水中加入适量的葡萄糖和维生素C，有一定的缓解作用。

庆大霉素不能与下列药物配伍：氨苄西林、阿莫西林及其他青霉素、头孢菌素类、氯霉素、红霉素、磺胺嘧啶钠、碳酸氢钠；不能与下列药物联合使用或相继使用：卡那霉素、新霉素、多黏菌素B、多黏菌素E、链霉素等。

卡那霉素不能与下列药物配伍使用：氨苄西林、阿莫西林及其他青霉素、头孢菌素类、林可霉素、氯霉素、利福平、新生霉素、扑尔敏、磺胺嘧啶钠、氨茶碱、碳酸氢钠、维生素C等。

丁胺卡那霉素不能与下列药物配伍：氨苄西林、阿莫西林及其他青霉素、头孢菌素类、红霉素、新霉素、磺胺嘧啶钠、碳酸氢钠、维生素C等。

【注意事项】 使用时严格掌握剂量。注意与其他原因引起的痛风区别。

食 盐 中 毒

食盐是动物机体必需的矿物质之一，适量的食盐有增进食欲，提高消化功能，促进代谢等功能。是维持体内酸碱平衡、水盐平衡的重要物质。鸡饲料中合适的含盐量为0.25%～0.5%，过量时会引起中毒，尤其是雏鸡更为敏感。过量的食盐会导致口渴而暴饮，致嗉囊严重积液，中毒时可发生共济失调，抽搐，痉挛，昏迷而死亡。

【病因】 造成食盐中毒的主要原因是摄入食盐过多，如饲料中添加食盐超量或使用含盐量过高的鱼粉。另外，虽然饲料含盐量不高，但是长期缺水或饮水不足也会造成食盐中毒。

【临床症状和病理特征】 急性食盐中毒时鸡出现尖叫，不安，暴饮，致使嗉囊积水，流涎，腹泻，共济失调，痉挛，抽搐，迅速死亡。慢性中毒时，表现为持续性腹泻，厌食，生长发育迟缓。

尸僵不全，血液凝固不良，血液黏稠，嗉囊严重积液，腺胃、肠道黏膜充血、出血，皮下水肿，肺水肿，肠系膜水肿，颅骨和脑膜充血、出血，脑水肿。肝脏肿大，肾脏变硬。

【诊断要点】 根据食盐使用量和发病情况可以确诊。

【防治措施】 按照标准配置饲料，掌握好食盐添加量，保证充足的饮水。

发现中毒时立即停止喂给含盐高的饲料。供给5%的葡萄糖水或红糖水，病情严重时可在饮水中添加0.3%～0.5%醋酸钾。

【注意事项】 严格掌握食盐用量。注意与其他中毒区别。

痛　风

禽痛风是由于尿酸产生过多或排泄障碍导致血液中尿酸含量显著升高，进而以尿酸盐沉积在关节囊、关节软骨、关节周围、胸腹腔及各种脏器表面和其他间质组织中的一种疾病。临床上以病禽行动迟缓、腿与翅关节肿大、厌食、跛行、衰弱和腹泻为特征。其病理特征是血液中尿酸水平增高，病理剖检时见到关节表面或内脏表面有大量白色尿酸盐沉积。

痛风可分为关节型痛风和内脏型痛风两种。

饲料生产、饲养管理水平中有许多可诱发痛风的因素。此外，磺胺、抗生素类药物广泛长期应用，导致肾脏损伤，肾功能障碍，也是常见的原因。因此，禽痛风是我国养禽业所面临的重要问题之一。

【病因】 禽痛风是由多因素引起的疾病，现仍不断有新的病因被发现和证实。据文献统计，病因有数十种之多，而且内脏型痛风和关节型痛风的发病因素也有一定的差异。

1. 尿酸生成过多

（1）遗传因素　在某些品系的鸡中，存在着痛风的遗传易感性。某些品种的鸡肾小管对尿酸的分泌有缺陷，即使饲喂正常蛋白质水平的饲料也会引起痛风。有研究者还从关节型痛风的高发鸡群中选育出一些遗传性高尿酸血症系鸡。

（2）高蛋白饲料　饲料中蛋白含量过高，特别是大量饲喂富含核蛋白和嘌呤碱的蛋白质饲料，可产生过多尿酸。这类饲料有动物内脏（肝、肠、脑、肾、胸腺、胰腺）、肉屑、鱼粉、大豆、豌豆等。研究表明，如在肾脏功能正常的情况下，饲喂蛋白水平含量稍高的饲料，虽然会使血浆尿酸水平一过性升高，但不会发生痛风。

2.**尿酸排泄障碍**

（1）传染性因素　传染性支气管炎病毒的嗜肾株（nephrotropic strains）、传染性法氏囊病毒、产蛋下降综合征病毒、禽流感病毒、新城疫病毒以及传染性肾病和鸡白痢的病原均可引起肾脏的病变，造成尿酸排泄障碍，而引起痛风。近来有报道隐孢子虫感染尿道引起鸡痛风以及出血性多瘤病毒感染引起鹅痛风的病例。

（2）中毒性因素　包括一些嗜肾性化学毒物、药物及细菌毒素等，能引起肾脏损伤的化学毒物有重铬酸钾、镉、铊、锌、铝、丙酮、石炭酸、升汞、草酸等。化学药品中主要是长期使用磺胺类药物、喹乙醇以及氨基糖苷类抗生素等；而霉菌毒素中毒是更重要的因素，如赭曲霉毒素、黄曲霉毒素、桔青霉毒素和卵孢毒素等。人类用于高尿酸血症的别嘌呤醇药物中毒时也可引起禽类的内脏型痛风。

应当特别指出的是：磺胺类药物、喹乙醇、氨基糖苷类抗生素（庆大霉素、卡那霉素、丁胺卡那霉素、链霉素、新霉素等）和霉菌毒素等，对肾脏都有一定的损伤作用。在当前养禽业中大量、广泛、长期使用抗生素，造成大批鸡只出现肾脏肿胀和花斑肾，虽然没有出现明显的内脏型痛风，但是却是造成尿毒症和死亡的主要原因之一。

3.**饲养管理性因素**　许多报道表明，高钙日粮是造成痛风的重要原因之一；缺乏维生素A也是重要的原因，维生素A具有保护黏膜的作用，禽日粮中长期缺乏维生素A或当微量元素和维生素的不合理配合以及饲料存放时间过长时，会造成维生素A的大量破坏。由于缺乏维生素A导致肾小管、集合管和输尿管上皮细胞发生角化和鳞状上皮化生。上皮的角化与化生，黏液分泌减少，尿酸盐排出受阻形成栓塞物（尿酸盐结石），阻塞管腔，而使尿酸盐在体内蓄积导致痛风；在以酵母蛋白代替鱼粉时，由于酵母蛋白主要成分是核蛋白，其在家禽肝

鸡病诊疗原色图谱

脏内代谢后的终产物主要是尿酸，使得血中尿酸浓度过高，尿酸沉积于内脏器官表面及肾脏，最终肾单位大量破坏，肾功能衰竭。所以在配合日粮时一定要保证合理搭配。

家禽水供应不足或食盐过多，造成尿液浓缩，尿量下降，也被认为是内脏型痛风常见的病因之一。鸡舍环境过冷或过热、通风不良、卫生条件差、阴暗潮湿、空气污浊、鸡群密度过大、拥挤等均可引起肾脏损害，易发痛风。

【临床症状和病理特征】 本病多呈慢性经过，病禽食欲减退，逐渐消瘦，羽毛松乱，精神萎靡，禽冠苍白，不自主地排出白色黏液状稀粪，内含有多量尿酸盐。母鸡产蛋量降低，甚至完全停产，有的可发生突然死亡。在临床上，以内脏型痛风多见，而关节型痛风较少发生。

内脏型痛风 主要是营养障碍，病禽的胃肠道症状明显，如腹泻，粪便白色，肛门周围羽毛上常被多量白色尿酸盐黏附，厌食，虚弱，贫血，有的突发死亡。不同的病因其症状稍有差别。

关节型痛风一般也呈慢性经过，病鸡食欲减退，羽毛松乱，多在趾前关节、趾关节发病，也可侵害腕前、腕及肘关节，关节肿胀。初期软而痛，界限多不明显，中期肿胀部逐渐变硬，微痛，形成不能移动或稍能移动的结节，结节有豌豆大或蚕豆大小。病后期，结节软化或破裂，排出灰黄色干酪样物，局部形成出血性溃疡。病禽往往呈蹲坐或独肢站立姿势，行动困难，跛行。

临床表现为高尿酸血症，血液中尿酸水平持久增高至150毫克／升以上，甚至可达400毫克／升。血液中非蛋白氮（NPN）也相应增高。在传染性支气管炎病毒的嗜肾株感染时，除可造成鸡血清尿酸升高，肌酐含量也会升高，可出现血清钠与钾浓度下降、脱水等电解质平衡失调的变化，并且出现血液pH降低。

内脏型痛风最典型的病理变化是内脏浆膜上（如心包膜、胸膜、肝脏、脾脏、肠系膜、气囊和腹膜表面）覆盖有一层白色的尿酸盐。肾脏肿大，灰白色花纹状，俗称花斑肾。肾实质及肝脏有白色的坏死灶，其中有尿酸盐结晶。在严重的病例中，肌肉、腱鞘以及关节表面也受到侵害。病程较长的病例可见输尿管中或肾脏中有尿石形成，常呈白色，树枝状或不规则的形状。

组织学变化主要集中在肾脏。肾小球肿胀，肾小球毛细血管内

173

皮细胞坏死；肾小囊囊腔狭窄；近曲及远曲小管上皮细胞肿胀，出现颗粒变性，部分核浓缩、溶解。肾小管管腔变窄，呈星形甚至闭锁，有的管腔内有细胞碎片及尿酸盐形成的管型。在对一次暴发的痛风病连续进行的研究中，发现4周龄小母鸡肾脏眼观正常，在显微镜下可以见到小的局灶性皮质肾小管坏死；7周龄小母鸡肾脏眼观肿大，镜下见肾小管坏死和管型形成，肾小球中有嗜酸性小球，间质中有淋巴细胞浸润。此外，特征性的变化是肾脏组织中可见由于尿酸盐沉积而形成的痛风石。痛风石是一种特殊的肉芽肿，由分散的尿酸盐结晶沉积在坏死的组织中，周围聚集着炎性细胞、吞噬细胞、巨细胞、成纤维细胞，但也并不是在所有痛风中均可见到痛风石。

不同因素引起的痛风病理组织学变化稍有区别。

1.维生素A缺乏可引起阻塞性痛风，早期发生的损害不是发生在肾单位的尿酸分泌部位，而是发生在输尿管和集合管系统。在发生高尿酸血症和内脏尿酸盐沉积的同时，还会在近曲小管中形成痛风石、发生炎症和间质的纤维化等症状。

2.在传染性支气管炎病毒嗜肾株感染的病例中，肾小管上皮细胞中有病毒粒子。凡有病毒存在的地方，细胞质液化、细胞器溶解；间质中有大量淋巴细胞、浆细胞浸润。

3.高钙、高蛋白饲料引起的痛风，肾小球肿胀、毛细血管内皮细胞坏死、肾小囊囊腔狭窄、近曲小管与远曲小管上皮肿胀、颗粒变性、细胞核浓缩溶解、近曲小管细胞中线粒体增多。

关节型痛风病变较典型，在关节周围出现软性肿胀，切开肿胀处，有米汤状、软膏样的白色物流出。在关节周围的软组织中都可由于尿酸盐沉积而呈白垩色。关节周围的组织和腿部肌肉偶尔会有广泛性的尿酸盐沉积。光镜下，受损关节腔出现尿酸盐结晶，滑膜呈急性炎症，受损肌肉中有大量尿酸盐结晶，周围出现巨噬细胞。发病时间长的病鸡在滑液膜、受损关节的软骨和骨、肌肉、皮下组织及肾脏等处可见到痛风石。

【诊断要点】 痛风病鸡精神、食欲不佳，羽毛干燥，消瘦，皮肤干燥，拉灰白色稀粪。内脏痛风时可见胸、腹腔浆膜附着大量灰白色尿酸盐，有时肌肉中也可见灰白色尿酸盐沉着。关节痛风时可见受害关节肿大，关节囊内有尿酸盐沉积。肾、肺、脾等器官中由于尿酸盐沉积而形成肉芽肿（痛风石）。

【防治措施】 由于本病的发生原因多而复杂，治疗效果较差，应以预防为主。由于痛风的发生大多与营养性因素有关，因此应根据鸡的品种和不同的生长发育阶段，合理配制全价饲料。蛋白质含量要适当，注意氨基酸平衡。确保日粮中各成分的比例合适，特别是钙、磷的含量和维生素的含量。

病鸡尽量减少磺胺类、链霉素、庆大霉素、卡那霉素等药物的使用。碳酸氢钠用量不超过0.5%，时间不超过4天。注意防止饲料发霉变质，加工温度不宜过高，防止维生素A由于高温高湿等因素被破坏。在鸡的管理方面应该按照鸡的不同生长阶段，确定合理的光照制度、适宜的环境温度和供给充足的饮水。保持禽舍清洁、通风，降低禽舍湿度。针对传染性因素，主要是严格执行免疫程序，搞好环境清洁，定期消毒，减少与病原接触的机会。

本病没有特效的治疗方法。别嘌呤醇的化学结构与次黄嘌呤相似，是黄嘌呤氧化酶的竞争抑制剂，能减少尿酸的形成，按每千克体重10～30毫克，每天2次，口服，可抑制尿酸的形成；饲料中添加铵盐类可酸化尿液，从而减少尿酸盐结晶的形成；丙磺舒主要是促进尿酸盐的排泄，可用于治疗慢性痛风，但对急性痛风无效；辛可芬可用于急、慢性痛风；另外，双氢克尿噻、碳酸氢钠、乌洛托品和地塞米松等治疗痛风都有一定的效果。通过调节鸡体内盐水代谢和酸碱平衡的方法也可治疗痛风，常用的有补液盐（配方：氯化钠3.5克，氯化钾1.5克，碳酸氢钠2.5克，葡萄糖22克，水1000毫升，每千克体重另加维生素C 500毫克，维生素B₁ 10毫克／千克）饮水，一般用药后第2天即停止死亡。柠檬酸钾在预防和治疗痛风中具有相当好的疗效，使用剂量为0.72毫摩尔／升。

近年来，中草药在家禽痛风的治疗方面越来越受到重视。中草药治疗的原则是：利水渗湿、抗菌消炎、健脾胃和调整气血。如肾肿痛风散，组方有海金沙、金钱草、泽泻、木通、猪苓、滑石、茯苓、川芎、白术、大黄等，每千克体重0.5～1.0克，1天分2次混料饲喂，有较好的效果。

【注意事项】 注意区分引起痛风的原因，针对原因采取必要的措施。

图299　痛　风

　　病鸡心包腔、肾脏、腺胃、肌胃、腹膜等处有大量灰白色尿酸盐沉积。(王新华)

图300　痛　风

　　病鸡肝脏和心包、心外膜被覆大量尿酸盐。(王新华)

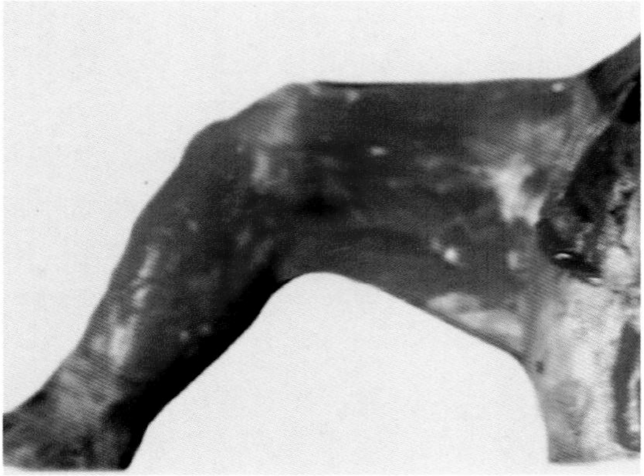

图301　痛　风

　　腿肌中也有尿酸盐沉积。(王新华)

图302 痛 风

　　发病关节明显肿大。(王新华)

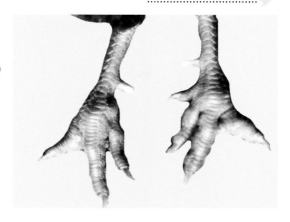

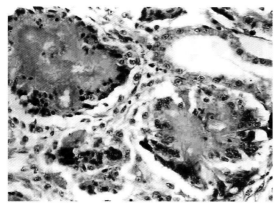

图303 痛 风

　　肾小管尿酸盐沉积形成的肉芽肿（痛风石）(HE×400)。(崔恒敏)

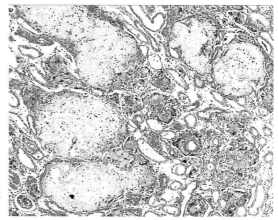

图304 痛 风

　　肾小管上皮细胞坏死崩解(HE×100)。(崔恒敏)

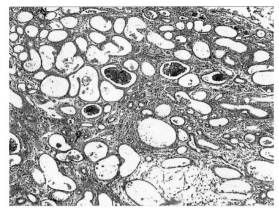

图305　痛　风

　肾小管间质结缔组织增生（HE×100）。（崔恒敏）

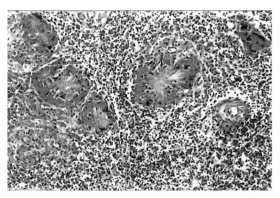

图306　痛　风

　脾脏内尿酸盐沉积形成肉芽肿（HE×100）。（崔恒敏）

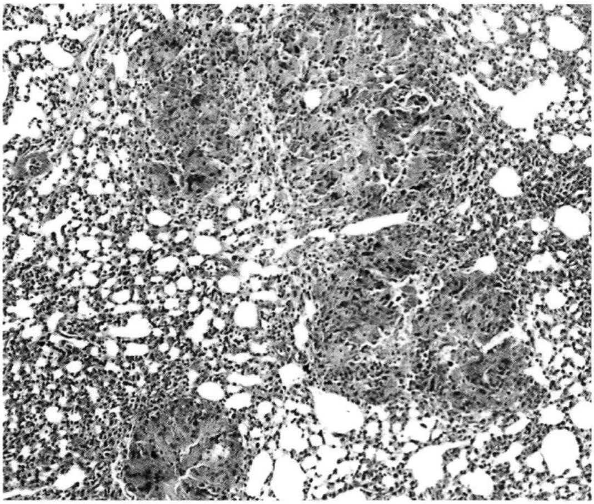

图307　痛　风

　肺脏组织内尿酸盐沉积形成肉芽肿（HE×100）。（崔恒敏）

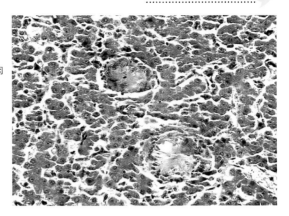

图308 痛 风
　肝脏组织内尿酸盐沉积形成肉芽肿（HE×100）。（崔恒敏）

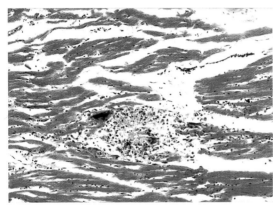

图309 痛 风
　心肌中尿酸盐沉积形成肉芽肿（HE×100）。（崔恒敏）

鸡脂肪肝综合征

　　脂肪肝综合征（FLS）或脂肪肝出血性综合征，是产蛋鸡常见的一种营养代谢性疾病。它主要是脂肪在肝细胞内过分堆积，从而影响肝脏的正常功能，严重的甚至引起肝脏破裂，最终导致肝出血而死亡。患脂肪肝的鸡群很难出现产蛋高峰，产蛋率一般上升到85%左右，而后逐渐下降。

　　【病因】　肝脏是物质代谢的核心器官，它对脂类的消化、吸收、分解、合成及转运等过程都有重要的作用。导致脂肪肝综合征的因素很多，大致有以下几种：

1.营养过剩　营养过剩主要是指饲料中的能量过剩。尤其是当饲料中能量高而蛋白低时，过多的能量就会在蛋鸡体内以脂肪的形式储存起来，特别是在肝脏。这些脂肪如果不能及时运出肝脏，就会在肝细胞内堆积，从而产生脂肪肝。

2.**某些营养成分缺乏**　胆碱（或氯化胆碱、甜菜碱）、蛋氨酸、维生素是脂蛋白的合成和运载脂肪出肝脏的辅助因子。因此，当这些营养成分缺乏或不足时，脂肪运出肝脏就会发生障碍，从而在肝细胞内堆积，产生脂肪肝。

3.**运动过少**　由于现代化规模养殖的要求，蛋鸡多在笼内饲养。这样就大大地限制了它的运动，能量消耗减少。

4.**激素影响**　产蛋潜力大的蛋鸡对脂肪肝综合征更加敏感。因为产蛋高低与雌激素的活性高低有密切关系，而雌激素对肝中脂肪的合成与沉积有促进作用。

5.**毒素的影响**　菜籽粕中的硫葡萄糖苷毒素、黄曲霉毒素被认为是引起蛋鸡脂肪肝综合征的一种重要的毒素。这些毒素的一个共同特点就是它们对肝脏的功能具有重大的损伤作用。过量的采食会使肝脏合成脂蛋白的能力下降，从而降低脂肪运出肝脏的能力，使脂肪在肝内沉积，最终产生脂肪肝综合征。

上述各种原因都可引起蛋鸡的脂肪肝综合征，但在实际生产中脂肪肝往往不是某一单独的原因所导致，而是几个因素综合作用的结果。比如常见的蛋鸡脂肪肝是长期采食过量的能量饲料，再加上笼养鸡的运动过少而产生的。但是如果这时又发生了饲料中的胆碱、蛋氨酸或维生素等抗脂肪肝因子的缺乏，或者饲料中含有过多的菜粕和黄曲霉毒素，就会加速蛋鸡脂肪肝的形成或加重蛋鸡脂肪肝的病情。

【临床症状和病理特征】　本病于高产的笼养蛋鸡，炎热季节多发，病鸡体格过度肥胖，产蛋量显著减少，鸡只精神状态良好，腹部膨大、下垂，冠髯苍白，有时不表现任何临诊症状而突然死亡。

病鸡腹腔、肠系膜、皮下等处沉积大量脂肪。肝脏肿大，边缘钝圆，色灰黄或有出血点及坏死灶，质地脆弱。肝细胞严重脂肪变性。

取患鸡的肝脏进行组织切片，显微镜检验可见肝细胞索紊乱，肝细胞肿大，肝细胞严重脂肪变性，胞浆内有大小不等的脂肪滴，胞核位于中央或被挤于一侧。有的见局部肝细胞坏死，周围可见单核细胞浸润，间质内也充满脂肪组织。

【诊断要点】 多发生于产蛋高峰期的笼养鸡，体格过度肥胖，产蛋量显著减少，腹部膨大、下垂，冠髯苍白，突然死亡。腹腔、肠系膜、皮下等处沉积大量脂肪，肝脏肿大，边缘钝圆，色灰黄或有出血点及坏死灶，质地脆弱；肝细胞严重脂肪变性。

【防治措施】

1. 预防措施

（1）育成期限饲 育成期的限制饲喂至关重要，一方面，它可以保证蛋鸡体成熟与性成熟的协调一致，充分发挥鸡只的产蛋性能；另一方面，它可以防止鸡只过度采食，导致脂肪沉积过多，从而影响鸡只日后的产蛋性能，同时增加鸡只患脂肪肝综合征的可能性。因此，对体重达到或超过同日龄同品种标准体重的育成鸡，采取限制饲喂是非常必要的。国外有报道认为，蛋鸡在8周龄时应严格控制体重，不可过肥，否则超过8周龄后难以再控制。

（2）严格控制产蛋鸡的营养水平 供给营养全面的全价饲料。处于生产期的蛋鸡，代谢活动非常旺盛。在饲养过程中，既要保证充分的营养，满足蛋鸡生产和维持的各方面的需要，同时又要避免营养的不平衡（如高能低蛋白）和缺乏（如饲料中蛋氨酸、胆碱、维生素E等的不足），一定要做到营养合理与全面。

2. 治疗措施 当确诊鸡群患有脂肪肝综合征时，应及时找出病因进行针对性治疗。通常可采取以下几种措施：

（1）调整饲料配方 根据环境和鸡群的需要调整饲料中的代谢能与蛋白质的比例，产蛋率80%以上时能/蛋应为60（能量2 750千卡/千克，蛋白16.5%）；产蛋率65%～80%应为54；小于65%应为51。可降低饲料中玉米的含量，改用麦麸代替。如果在饲料中增加一些富含亚油酸的植物油而减少碳水化合物的含量，则可降低脂肪肝综合征的发病率。

（2）补充抗脂肪肝因子 主要是针对病情轻和即将发病的鸡群。在每千克饲料中补加氯化胆碱1 000毫克，维生素E10 000国际单位，维生素B_{12} 12毫克和肌醇900毫克，连续饲喂3～4周，或每只病鸡喂服氯化胆碱0.1～0.2毫克，连喂10天。

（3）调整饲养管理制度 适当限制饲料喂量。在不改变饲喂次数的情况下，将日饲喂总量降低1/4 ~ 1/5，鸡群产蛋高峰前限量要小，高峰后可相应增大。

【注意事项】 根据本病病理特征一般可以作出诊断，但应注意与包涵体肝炎、巴氏杆菌病、弯杆菌性肝炎等区别。

图310 鸡脂肪肝综合征

腹腔大量脂肪沉积并形成黄色脂肪垫。（王新华）

图311 鸡脂肪肝综合征

肝脏肿大发黄，质脆有油腻感。（王新华）

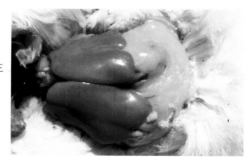

图312 鸡脂肪肝综合征

肝脏肿大色黄，并见出血斑点。（崔恒敏）

图313　鸡脂肪肝综合征

　　肝细胞肿大，胞浆内充满大小不等的圆形脂肪滴（HE×100）。（崔恒敏）

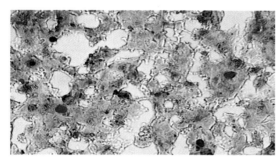

图314　鸡脂肪肝综合征

　　肝脏冰冻切片，肝细胞内大小不一脂滴呈橘红色颗粒（苏丹Ⅲ染色×400）。（崔恒敏）

肉鸡腹水综合征

　　肉鸡腹水综合征（Ascites Syndrome）又称肉鸡肺动脉高压综合征（pulmonary hypertension syndrome，PHS），又称高海拔症，是由多种致病因子共同作用引起的一种非传染性疾病，主要特征是：心室肥大、扩张，肺瘀血，腹腔器官严重瘀血，腹腔内积聚大量淡黄色液体或冻胶样凝块，最后因心力衰竭而死亡。

　　该病多见于快速生长的肉用仔鸡，而近些年，该病的发生率呈明显上升趋势，发病的地域也不断扩大，暴发时造成肉鸡成活率下降，死淘率上升。给广大养殖户造成巨大的经济损失。

　　【病因】　肉鸡腹水综合征的发生主要是由于肉鸡生长过快，心肺功能不能适应快速增长的肌肉对血氧的需要所致。致使心肺负担过重导致心肺功能不全，循环障碍，而发生心性水肿。血液瘀积在腹腔器官中，长时间瘀血导致腹腔器官中的毛细血管缺氧通透性升高而发生瘀血性水肿，水肿液积聚在腹腔，形成腹水。

除了上述遗传因素外，环境因素、管理因素、营养因素等也具有重要作用。如鸡舍通风不良，饲养密度过大，饲料中能量过高，硒、维生素E、磷的缺乏，日粮中食盐过多等也会增加发病率。此外，也与饲料的性状有关，同样能量水平的日粮，饲喂粉料的鸡腹水综合征发生比颗粒料低4%～15%。

【临床症状和病理特征】 本病发生具有明显季节性，尤以冬季和早春多发。发病日龄为2～7周龄，发育良好、生长速度快的肉鸡多发。死亡率5%～9%不等，公鸡发病率占整个发病鸡的50%～70%。

病鸡表现为喜卧，不愿走动，精神委顿，羽毛蓬乱，腹部膨大下垂，走路呈企鹅状，腹部触之松软有波动感，皮肤变薄发亮，羽毛脱落。个别鸡群会出现拉稀不止，粪便呈水样。严重病鸡的冠和肉髯发绀，缩颈，呼吸困难。发病3～5天后开始零星死亡。

肉鸡腹部膨隆，触摸有波动感，腹腔集聚大量淡黄色、清亮透明的液体或胶冻样物，有时其中混有纤维素；鸡心包积有淡黄色液体；心脏扩张、心腔积有大量凝血块。右心心壁变薄，心肌色淡并带有灰白色条纹，肺动脉和主动脉极度扩张，管腔内充满血液。肝脏肿大瘀血或萎缩、质硬，胆囊肿大，突出肝表面，内充满胆汁；肺瘀血、水肿，呈花斑状，质地稍坚韧，间质有灰白色条纹，切面流出多量带有小气泡的血样液体；脾脏肿大、瘀血，切面脾小体结构不清；肾脏肿大、瘀血；肠系膜及浆膜严重充血、瘀血，肠壁水肿增厚；脑膜血管怒张、充血。

【诊断要点】 多发生于肉鸡，腹部膨大行走困难，状如企鹅。腹腔充满淡黄色或无色液体，肝脏体积缩小质地变硬，心脏扩张，脾脏和肠道显著瘀血。

【防治措施】

1. 加强鸡群管理和改善环境条件

（1）鸡舍应宽敞、卫生清洁，防寒防暑，尽量给鸡群创造一个良好的饲养环境。加强通风换气，确保空气新鲜，保持氧气充足，降低鸡舍的氨气、硫化氢、一氧化碳、二氧化碳等有害气体的的浓度。

（2）降低饲养密度，通过合理布置饮食器具，调整鸡群分布。提倡公母鸡分群饲养。合理光照时间。有效地控制光照时间可以适度减少肉鸡的采食量，防止肉鸡前期体重增长过快，降低肉鸡腹水综合征的发生率。可将第2周的光照改为12～14小时，第3周为16～18小时，以后再恢复为22小时的光照。

2. 适当调整日粮营养，科学饲喂

（1）科学调配饲料　按肉鸡生长需要供给平衡优质饲料，不喂发霉变质饲料。初期饲料以粉状，4周龄后再喂给颗粒饲料。

（2）降低日粮蛋白与能量水平　1～3周龄日粮粗蛋白20.5%，代谢能11.97兆焦／千克；4～6周龄粗蛋白18.5%，代谢能12.6兆焦／千克；7周龄至出笼粗蛋白18%，代谢能12.81兆焦／千克。

（3）控制日粮中油脂含量　6周龄前应保持在1%，7周龄至出栏不超过2%。日粮中盐含量不超过0.5%。

（4）适度限食饲养　以限制1～30日龄的肉鸡每日采食量的10%～20%为度，限食5～19天后恢复正常。这样不但能防病，还能提高饲料的利用率。

3. 科学添加药物，提高抗病力

（1）在饲料中添加125毫克／千克的尿酶抑制剂，可降低腹水综合征的发病率和死亡率。对已发病鸡用2%肾肿灵饮水辅助治疗，5天为一个疗程；也可在饮水中按150毫克／升添加维生素C，每天饮用。

（2）添加中草药，按党参45克、黄芪50克、苍术30克、陈皮45克、木通30克、赤勺50克、甘草40克、茯苓50克组成方剂，共研为细末。治疗量按每千克体重一次性拌料，每天上午饲喂，连喂5天，预防量减半。

4. 一旦病鸡出现临床症状，单纯治疗常常难以奏效，多以死亡告终。但以下措施有助于减少死亡：

（1）发现病鸡，首先使其服用大黄苏打片，20日龄雏鸡1片／（只·天），其他日龄的鸡酌情增减剂量，以清除胃肠道内容物，然后喂服维生素C和抗生素。以对症治疗和预防继发感染，同时加强舍内外卫生管理和消毒。

（2）皮下注射0.1%亚硒酸钠0.1毫升，1～2次，或服用利尿剂。

（3）应用脲酶抑制剂，用量为每千克饲料125毫克，可降低肉鸡的死亡率。采取上述措施约1周后可见效。

【注意事项】 注意与能引起腹水的其他疾病如大肠杆菌病、硒缺乏症和维生素E缺乏症等区分开。

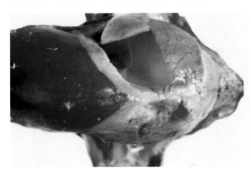

图315　肉鸡腹水综合征
　腹腔积满淡黄色澄清的液体和胶冻样物。（丁伯良）

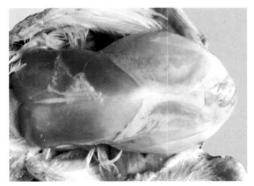

图316　肉鸡腹水综合征
　腹腔积满澄清的液体和胶冻样物。（王新华）

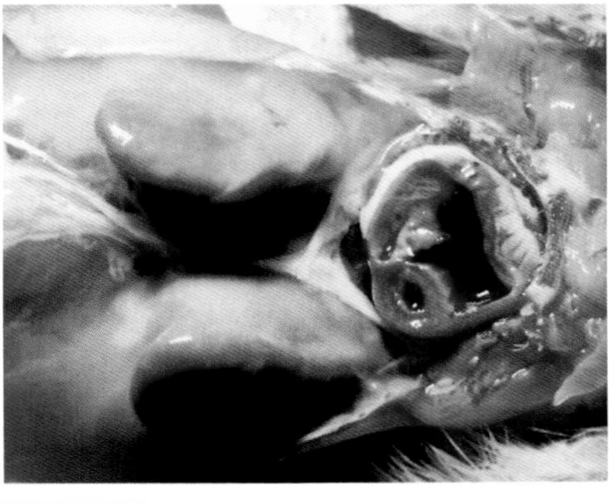

图317　肉鸡腹水综合征
　病鸡消化道、脾脏瘀血。肝脏体积缩小，质地变硬。心脏扩张，心壁变薄。（刘晨）

热 应 激

【病因】 热应激（heat stress）多发生于春末夏初，气候突然变热的季节，或鸡群密度过大，通风不良的鸡舍。

【临床症状和病理特征】 初期病鸡两翅展开，呼吸急促，后期呼吸衰竭时减慢。体温升高，触摸病鸡时感到烫手。

病死鸡脑部有出血斑点，肺部严重瘀血，心脏周围组织呈灰红色出血性浸润，腺胃黏膜自溶，胃壁变薄，胃腺内可挤出灰红色糊状物，严重时腺胃穿孔。

【诊断要点】 多发生于天气突然变热的春夏之交，多于后半夜死亡；病死鸡颅骨、大脑和小脑有大小不等的出血斑点，肺瘀血，心脏周围组织呈灰红色出血性浸润，腺胃黏膜自溶，胃壁变薄，胃腺内可挤出灰红色糊状物，多有腺胃穿孔。

【防治措施】

1.改善鸡舍环境，注意防暑降温，保证凉爽通风，保证充足饮水。

2.一旦发生应尽快把鸡只取出置阴凉通风处或浸于冷水中数分钟。

【注意事项】 本病多在后半夜发生死亡，为减少损失应在午夜后巡视鸡群，添加饮水和少量饲料，发现病鸡立即进行如上处理。

图318 热应激

病鸡颅骨出血。（王新华）

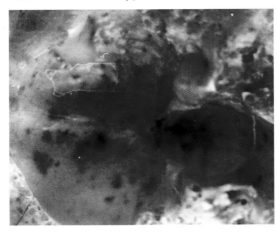

图319　热应激

　　病死鸡大脑和小脑软脑膜有大小不等的出血斑点。（王新华）

图320　热应激

　　病鸡腺胃穿孔。（王新华）

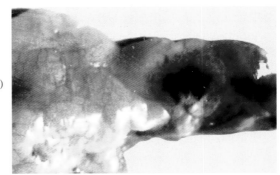

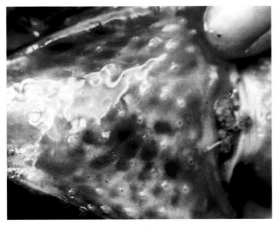

图321　热应激

　　病鸡腺胃黏膜自溶、脱落，胃壁变薄。（王新华）

卵 巢 囊 肿

【病因】 卵巢囊肿（ophoric cyst）是发生于产蛋鸡的一种疾病。它不同于输卵管囊肿，输卵管囊肿存在于输卵管内可导致排卵困难，卵巢囊肿发生于卵巢，不影响排卵，但是两者的外观症状则完全相同。其发病原因不明，作者认为可能与激素紊乱有关，曾见一群鸡产蛋减少，鸡冠鲜红挺立，模仿公鸡鸣叫，剖检多只鸡均见有卵巢囊肿。

【诊断要点】 多发生于产蛋鸡，鸡冠大而鲜红，挺立，模仿公鸡鸣叫。腹部显著膨大下垂，呈企鹅状。腹腔内有大小不等的与卵巢相连的囊肿，内含清亮的液体。

【防治措施】 本病无法治疗，发现后予以淘汰。

图322 卵巢囊肿

病鸡腹部膨大、下垂，行走时状如企鹅。（范国雄，《动物疾病诊断图谱》，1995年）

图323 卵巢囊肿

腹腔有几个大小不等的囊肿，囊壁极薄，内含清亮的液体。输卵管内有一发育正常的鸡卵。（王新华）

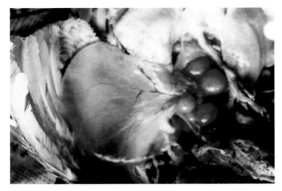

图324 卵巢囊肿

腹腔巨大的囊肿与卵巢相连，内含清亮液体。（王新华）

注射油乳剂型疫苗的局部病理变化

【病因】 由于注射劣质油乳剂型苗，在注射部位或周围出现大小不等的肿块或坏死，并可见没有吸收的疫苗。

【病理特征】 颈部皮下注射可引起头面部或颌下、颈部肿胀坏死。腿部注射时可引起跛行，局部肿胀，肌肉坏死。有时可引起大批死亡，不死的鸡发育严重受阻。镜检可见组织内有大量异物多核巨细胞和嗜酸性粒细胞以及未吸收的油苗颗粒。

【防治措施】

1.本病无法治疗，发现后予以淘汰。

2.选用正规厂家生产的油乳剂型疫苗。注意与鸡慢性巴氏杆菌病、霉菌病、肿瘤区别。

图325 注射油乳剂型疫苗的局部病理变化

头面、颈下部肿胀。（王新华）

**图326 注射油乳剂型疫苗的
局部病理变化**

颌和颈部肿胀。（王新华）

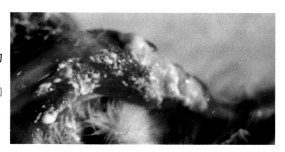

**图327 注射油乳剂型疫苗的
局部病理变化**

鸡颈部皮下的结节，切开皮肤
可见增生的结节和乳白色的疫苗
流出。（王新华）

**图328 注射油乳剂型疫苗的
局部病理变化**

腿肌变性、坏死，皮下和肌间
有黄白色的油苗存在。（王新华）

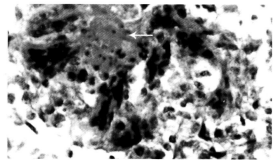

**图329 注射油乳剂型疫苗的
局部病理变化**

油乳苗未完全吸收，周围有多
量多核异物巨细胞（HE×400）。
（王新华）

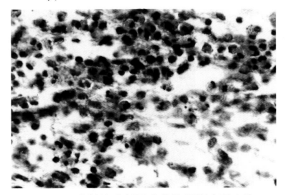

图330　注射油乳剂型疫苗的局部病理变化

病灶周围组织中有多量嗜酸性粒细胞（HE×400）。（王新华）

附　录
FULU

禁用兽药和家畜常用药物的停药期
JINYONG SHOUYAO HE JIACHU CHANGYONGYAO WU DE TINGYAOQI

附表1　食品动物禁用的兽药及其他化合物清单

序号	兽药及其他化合物名称	禁止用途	禁用动物
1	β-兴奋剂类：克仑特罗、沙丁胺醇、西马特罗及其盐、酯及制剂	所有用途	所有食品动物
2	性激素类：己烯雌酚及其盐、酯及制剂	所有用途	所有食品动物
3	具有雌激素样作用的物质：玉米赤霉醇、去甲雄三烯醇酮、醋酸甲孕酮及制剂	所有用途	所有食品动物
4	氯霉素、及其盐、酯（包括：琥珀氯霉素及制剂）	所有用途	所有食品动物
5	氨苯砜及制剂	所有用途	所有食品动物
6	硝基呋喃类：呋喃唑酮、呋喃它酮、呋喃苯烯酸钠及制剂	所有用途	所有食品动物
7	硝基化合物：硝基酚钠、硝呋烯腙及制剂	所有用途	所有食品动物
8	催眠、镇静类：安眠酮及制剂	所有用途	所有食品动物
9	林丹（丙体六六六）	杀虫剂	所有食品动物
10	毒杀芬（氯化烯）	杀虫剂、清塘剂	所有食品动物
11	呋喃丹（克百威）	杀虫剂	所有食品动物
12	杀虫脒（克死螨）	杀虫剂	所有食品动物
13	双甲脒	杀虫剂	水生食品动物
14	酒石酸锑钾	杀虫剂	所有食品动物
15	锥虫胂胺	杀虫剂	所有食品动物
16	孔雀石绿	抗菌、杀虫剂	所有食品动物
17	五氯酚酸钠	杀螺剂	所有食品动物
18	各种汞制剂包括：氯化亚汞（甘汞）、硝酸亚汞、醋酸汞、吡啶基醋酸汞	杀虫剂	所有食品动物
19	性激素类：甲基睾丸酮、丙酸睾酮、苯丙酸诺龙、苯甲酸雌二醇及其盐、酯及制剂	促生长	所有食品动物
20	催眠、镇静类：氯丙嗪、地西泮（安定）及其盐、酯及制剂	促生长	所有食品动物
21	硝基咪唑类：甲硝唑、地美硝唑及其盐、酯及制剂	促生长	所有食品动物

　　注：食品动物是指各种供人食用或其产品供人食用的动物。

部分国家及地区明令禁用或重点监控的兽药及其他化合物清单

一、欧盟禁用的兽药及其他化合物清单

1.阿伏霉素 2.洛硝达唑 3.卡巴多 4.喹乙醇 5.杆菌肽锌(禁止作饲料添加药物使用) 6.螺旋霉素(禁止作饲料添加药物使用) 7.维吉尼亚霉素(禁止作饲料添加药物使用) 8.磷酸泰乐菌素(禁止作饲料添加药物使用) 9.阿普西特 10.二硝托胺 11.异丙硝唑 12.氯羟吡啶 13.氯羟吡啶/苄氧喹甲酯 14.氨丙啉 15.氨丙啉/乙氧酰胺苯甲酯 16.地美硝唑 17.尼卡巴嗪 18.二苯乙烯类及其衍生物、盐和酯:如乙烯雌酚等 19.抗甲状腺类药物,如甲巯咪唑、普萘洛尔等 20.类固醇类,如雌激素、雄激素、孕激素等 21.二羟基苯甲酸内酯,如玉米赤霉醇 22.β-兴奋剂类如克仑特罗、沙丁胺醇、喜马特罗等 23.马兜铃属植物及其制剂 24.氯霉素 25.氯仿 26.氯丙嗪 27.秋水仙碱 28.氨苯砜 29.甲硝咪唑 30.硝基呋喃类

二、美国禁止在食品动物使用的兽药及其他化合物清单

1.氯霉素 2.克仑特罗 3.己烯雌酚 4.地美硝唑 5.异丙硝唑 6.其他硝基咪唑类 7.呋喃唑酮(外用除外) 8.呋喃西林(外用除外) 9.泌乳牛禁用磺胺类药物(下列除外:磺胺二甲氧嘧啶、磺胺溴甲嘧啶、磺胺乙氧嗪) 10.氟喹诺酮类、(沙星类) 11.糖肽类抗生素,如万古霉素、阿伏霉素

三、日本对动物性食品重点监控的兽药及其他化合物清单

1.氯羟吡啶 2.磺胺喹噁啉 3.氯霉素 4.磺胺甲基嘧啶 5.磺胺二甲嘧啶 6.磺胺-6-甲氧嘧啶 7.噁喹酸 8.乙胺嘧啶 9.尼卡巴嗪 10.呋喃唑酮 11.阿伏霉素

注:日本对进口动物性食品重点监控的兽药种类经常变化,建议出口肉禽养殖企业予以密切关注。

四、中国香港地区禁用的兽药及其他化合物清单

1.氯霉素 2.克仑特罗 3.己烯雌酚 4.沙丁胺醇 5.阿伏霉素 6.己二烯雌酚 7.己烷雌酚

附表2　家禽常用药的停药期

药名	标准	停药期
二硝托胺预混剂	兽药典2000版	鸡3日，产蛋期禁用
土霉素片	兽药典2000版	禽5日，弃蛋期2日
马杜霉素预混剂	部颁标准	鸡5日，产蛋期禁用
甲磺酸达氟沙星粉	部颁标准	鸡5日，产蛋鸡禁用
甲磺酸达氟沙星溶液	部颁标准	鸡5日，产蛋鸡禁用
甲磺酸培氟沙星可溶性粉	部颁标准	28日，产蛋鸡禁用
甲磺酸培氟沙星注射液	部颁标准	28日，产蛋鸡禁用
甲磺酸培氟沙星颗粒	部颁标准	28日，产蛋鸡禁用
吉他霉素片	兽药典2000版	鸡7日，产蛋期禁用
吉他霉素预混剂	部颁标准	鸡7日，产蛋期禁用
地克珠利预混剂	部颁标准	鸡5日，产蛋期禁用
地克珠利溶液	部颁标准	鸡5日，产蛋期禁用
地美硝唑预混剂	兽药典2000版	鸡28日，产蛋期禁用
那西肽预混剂	部颁标准	鸡7日，产蛋期禁用
阿苯达唑片	兽药典2000版	禽4日
阿莫西林可溶性粉	部颁标准	鸡7日，产蛋鸡禁用
乳酸环丙沙星可溶性粉	部颁标准	禽8日，产蛋鸡禁用
乳酸环丙沙星注射液	部颁标准	禽28日
乳酸诺氟沙星可溶性粉	部颁标准	禽8日，产蛋鸡禁用
环丙氨嗪预混剂(1%)	部颁标准	鸡3日
复方阿莫西林粉	部颁标准	鸡7日，产蛋期禁用
复方氨苄西林片	部颁标准	鸡7日，产蛋期禁用
复方氨苄西林粉	部颁标准	鸡7日，产蛋期禁用
复方磺胺氯哒嗪钠粉	部颁标准	鸡2日，产蛋期禁用
枸橼酸哌嗪片	兽药典2000版	禽14日
氟苯尼考注射液	部颁标准	鸡28日
氟苯尼考粉	部颁标准	鸡5日
氟苯尼考溶液	部颁标准	鸡5日，产蛋期禁用
洛克沙胂预混剂	部颁标准	5日，产蛋期禁用
恩诺沙星片	兽药典2000版	鸡8日，产蛋鸡禁用
恩诺沙星可溶性粉	部颁标准	鸡8日，产蛋鸡禁用
恩诺沙星溶液	兽药典2000版	禽8日，产蛋鸡禁用
氧氟沙星片	部颁标准	28日，产蛋鸡禁用
氧氟沙星可溶性粉	部颁标准	28日，产蛋鸡禁用
氧氟沙星注射液	部颁标准	28日，产蛋鸡禁用
氧氟沙星溶液(碱性)	部颁标准	28日，产蛋鸡禁用
氧氟沙星溶液(酸性)	部颁标准	28日，产蛋鸡禁用
氨苯胂酸预混剂	部颁标准	5日，产蛋鸡禁用
海南霉素钠预混剂	部颁标准	鸡7日，产蛋期禁用
烟酸诺氟沙星可溶性粉	部颁标准	28日，产蛋鸡禁用
烟酸诺氟沙星溶液	部颁标准	28日，产蛋鸡禁用
盐酸二氟沙星片	部颁标准	鸡1日
盐酸二氟沙星粉	部颁标准	鸡1日

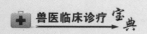

（续）

盐酸二氟沙星溶液	部颁标准	鸡1日
盐酸大观霉素可溶性粉	兽药典2000版	鸡5日，产蛋期禁用
盐酸左旋咪唑	兽药典2000版	禽28日
盐酸沙拉沙星可溶性粉	部颁标准	鸡0日，产蛋期禁用
盐酸沙拉沙星注射液	部颁标准	猪0日，鸡0日，产蛋期禁用
盐酸沙拉沙星溶液	部颁标准	鸡0日，产蛋期禁用
盐酸沙拉沙星片	部颁标准	鸡0日，产蛋期禁用
盐酸环丙沙星可溶性粉	部颁标准	28日，产蛋鸡禁用
盐酸环丙沙星注射液	部颁标准	28日，产蛋鸡禁用
盐酸洛美沙星片	部颁标准	28日，产蛋鸡禁用
盐酸洛美沙星可溶性粉	部颁标准	28日，产蛋鸡禁用
磺胺喹噁啉预混剂	兽药典2000版	鸡10日，产蛋鸡禁用
盐酸氨丙啉、乙氧酰胺苯甲酯预混剂	兽药典2000版	鸡3日，产蛋期禁用
盐酸氯苯胍片	兽药典2000版	鸡5日，产蛋期禁用
盐酸氯苯胍预混剂	兽药典2000版	鸡5日，产蛋期禁用
酒石酸吉他霉素可溶性粉	兽药典2000版	鸡7日，产蛋期禁用
酒石酸泰乐菌素可溶性粉	兽药典2000版	鸡1日，产蛋期禁用
喹乙醇预混剂	兽药典2000版	禁用于禽
氯羟吡啶预混剂	兽药典2000版	鸡5日，产蛋期禁用
硫氰酸红霉素可溶性粉	兽药典2000版	鸡3日，产蛋期禁用
硫酸安普霉素可溶性粉	部颁标准	鸡7日，产蛋期禁用
硫酸庆大－小诺霉素注射液	部颁标准	鸡40日
硫酸黏菌素可溶性粉	部颁标准	7日，产蛋期禁用
硫酸黏菌素预混剂	部颁标准	7日，产蛋期禁用
硫酸新霉素可溶性粉	兽药典2000版	鸡5日，火鸡14日，产蛋期禁用
越霉素A预混剂	部颁标准	鸡3日，产蛋期禁用
磺胺二甲嘧啶片	兽药典2000版	禽10日
磺胺喹噁啉、二甲氧苄氨嘧啶预混剂	兽药典2000版	鸡10日，产蛋期禁用
磺胺喹噁啉钠可溶性粉	兽药典2000版	鸡10日，产蛋期禁用
磺胺氯吡嗪钠可溶性粉	部颁标准	火鸡4日、肉鸡1日，产蛋期禁用
磷酸左旋咪唑片	兽药典90版	禽28日
磷酸哌嗪片（驱蛔灵片）	兽药典2000版	禽14日
磷酸泰乐菌素预混剂	部颁标准	鸡5日

参考文献

CANKAO WENXIAN

崔治中．2003.禽病诊治彩色图谱．北京：中国农业出版社．

陈怀涛．2005.兽医病理学．北京：中国农业出版社．

陈建红，张济培．2002.禽病诊治彩色图谱．北京：中国农业出版社．

杜元钊．1998.鸡病诊断与防治图谱．济南：济南出版社．

杜元钊，朱万光．2005.禽病诊断与防治图谱．济南：济南出版社．

范国雄．1995.动物疾病诊断图谱．北京：北京农业大学出版社．

B. W. 卡尔尼克．1999.禽病学．高福，苏敬良，译．北京：中国农业出版社．

刘宝岩等．1990.动物病理组织学彩色图谱．长春：吉林科学技术出版社．

刘晨等．1992.实用禽病图谱．北京：中国农业科技出版社．

吕荣修．2004.禽病诊断彩色图谱．北京：中国农业大学出版社．

朴范泽，崔治中．2003.禽病诊治彩色图谱．北京：中国农业出版社．

甘孟侯．2003.中国禽病学．北京：中国农业出版社．

王新华等．2002.鸡病诊治彩色图谱．北京：中国农业出版社．

阴天榜．2004.新编畜禽用药手册．郑州：中原农民出版社．

郑明球，蔡宝祥．2002.动物传染病诊治彩色图谱．北京：中国农业出版社．

黄兵，沈杰．2006.中国畜禽寄生虫形态分类图谱.北京：中国农业出版社．

图书在版编目（CIP）数据

鸡病诊疗原色图谱 / 王新华，银梅主编. —— 2版
. —北京：中国农业出版社，2014.12
（兽医临床诊疗宝典）
ISBN 978-7-109-19875-3

Ⅰ. ①鸡…　Ⅱ. ①王…　②银…　Ⅲ. ①鸡病—诊疗—
图谱　Ⅳ. ①S858.31-64

中国版本图书馆CIP数据核字（2014）第283735号

中国农业出版社出版
（北京市朝阳区麦子店街18号楼）
（邮政编码 100125）
责任编辑　王森鹤　颜景辰

北京中科印刷有限公司印刷　　新华书店北京发行所发行
2015年2月第2版　　2015年2月北京第1次印刷

开本：889mm×1194mm　1/32　印张：6.5
字数：190千字
定价：52.00元
（凡本版图书出现印刷、装订错误，请向出版社发行部调换）